QINGQING SONGSONG
SHENQING ZHUANLI

轻轻松松
申请专利

郭金 隋欣 编著

化学工业出版社

·北京·

本书主要介绍了专利申请的重要概念、专利的申请及申请文件的填写和撰写、专利申请的审批与申请后的手续、专利权的维持与终止、专利权的无效宣告程序、国际申请，同时还附有专利申请各阶段的表格，并列出了三种申请文件的模板和实例供读者参考。本书语言通俗易懂，力求通过专利申请基本知识和流程的介绍，提高发明人、专利申请人独立处理专利申请的能力。

本书可供专利申请人及专利代理阅读使用，也可作为高校师生、科技工作者等申请专利的参考用书。

图书在版编目（CIP）数据

轻轻松松申请专利/郭金，隋欣编著.—北京：
化学工业出版社，2017.9（2021.1重印）
ISBN 978-7-122-30214-4

Ⅰ．①轻…　Ⅱ．①郭…②隋…　Ⅲ．①专利
申请-基本知识-中国　Ⅳ．①G306.3

中国版本图书馆 CIP 数据核字（2017）第 165660 号

责任编辑：韩霄翠　仇志刚　　　　　　　　　　装帧设计：韩　飞
责任校对：宋　玮

出版发行：化学工业出版社（北京市东城区青年湖南街 13 号　邮政编码 100011）
印　　装：涿州市般润文化传播有限公司
710mm×1000mm　1/16　印张 10¾　字数 175 千字　2021 年 1 月北京第 1 版第 4 次印刷

购书咨询：010-64518888　　　　　　　售后服务：010-64518899
网　　址：http://www.cip.com.cn
凡购买本书，如有缺损质量问题，本社销售中心负责调换。

定　　价：48.00 元　　　　　　　　　　　版权所有　违者必究

科技是人类进步和社会发展的重要推动力。 近年来, 我国科技发展迅猛, 科技创新成果层出不穷。 科技创新成果需要专利来保护, 申请专利是获得专利的途径。 专利在推动技术进步、 鼓励自主创新中扮演着重要角色, 加强专利保护, 是激励创新的重要保障。 近 10 年来, 我国专利申请量逐年增加。 据初步统计, 2016 年, 我国全年的专利申请量达 3464824 件, 比 2006 年增长了 504.49%。

但是目前仍有很多专利申请人不了解申请专利的流程, 或是在申请专利后, 不能有效地答复专利审查人提出的问题, 从而影响了专利的授权。 另外, 专利申请文件尤其是权利要求书的撰写对发明人或其委托的代理人要求也是很高的, 撰写的保护范围要做到恰如其分, 既不能包括他人的技术, 也不能将保护范围写小, 保护范围小了, 自己的技术没有得到保护, 辛苦研发的成果将被他人轻易占有, 损失巨大经济利益。 为了帮助发明人、 专利申请人提高独立处理专利申请的能力, 笔者编写了本书。

本书根据最新修订的《中华人民共和国专利法》《中华人民共和国专利法实施细则》《专利审查指南》 以及相关规定, 介绍了专利申请的重要概念、 专利的申请及申请文件的填写和撰写、 专利申请的审批与申请后的手续、 专利权的维持与终止、 专利权的无效宣告程序、 国际申请, 同时还附有专利申请各流程阶段的表格等, 并列出了三种申请文件的样例供读者参考。

本书在撰写过程中, 力求通俗易懂, 通过专利申请基本知识和流程的介绍, 提高发明人、 专利申请人独立处理专利申请的能力。 另外, 为帮助读者更好地理解专利申请文件的填写和撰写, 本书在相应的内容旁边附有二维码, 读者可扫描二维码下载相关表格对照书中内容进行阅读。 为了方便叙述, 书中将《中华人民共和国专利法》 简称为《专利法》,《中华人民共和国专利法实施细则》 简称为《实施细则》,《专利审查指南》 简称为《审查指南》。

最后，感谢郭林清、金丽华和袁炳香对笔者从事专利检索工作给予的鼎力支持！

由于编者水平有限，书中难免有疏漏和不妥之处，恳请广大读者批评指正！

编著者
2017 年 5 月

轻轻松松申请专利
Contents

目 录

第5章　中止程序　　121

第6章　专利权的无效宣告程序　　124

第7章　国际申请(PCT申请)　　127

第1章 关于专利申请的重要概念

《专利法》的立法宗旨是为了保护专利权人的合法利益，鼓励发明创造，推动发明创造的应用，提高创新能力，促进科学技术进步和经济社会发展。

1.1 专利

《专利法》中所说的专利是指专利权。那么谁有权提出专利申请？专利申请权归谁？专利申请批准后，专利权归谁？首先需要明确三个权利的含义和关系：申请专利的权利、专利申请权、专利权，见图1-1。

申请专利的权利——申请日——专利申请权——授权日——专利权

图1-1　申请专利的权利、专利申请权、专利权的关系图

（1）申请专利的权利

申请专利的权利指已经完成但尚未提出专利申请的发明创造，权利人享有的决定对该发明创造是否申请专利以及如何申请专利的权利。

（2）专利申请权

专利申请权指已经提出申请但尚未被授权的发明创造，申请专利的人享有的决定是否继续进行申请程序、是否转让专利申请的权利。

（3）专利权

专利权是国务院专利行政部门依据《专利法》授予有权提出专利申请的申请人在一定期限内的禁止他人未经允许而实施其专利的权利。

① 专利权的取得。专利权不是自动产生的，需要有权申请专利的主体向国家知识产权局专利局提出专利申请，经审查，认为符合《专利法》及《实施细则》规定的才能被授予专利权。

② 最先申请原则。两个以上的申请人分别就同样的发明创造申请专利的，专利权授予最先申请的人。

③ 专利权的主要特征

a. 时间性　专利权只在法定期限内有效，期限届满后专利权不再存在，它所保护的发明创造就成为全社会的共同财富。发明专利权的期限为 20 年，实用新型专利权 10 年，外观设计专利权的期限为 10 年，均自申请日（实际申请日）起计算。

b. 地域性　专利权只在授权的国家范围内有效，对其他国家没有任何法律约束力。

c. 独占性　专利权的独占性，也称排他性。被授予专利权的人享有独占权利，未经专利权人许可，他人不得实施。

（4）转让

① 申请专利的权利的转让。申请专利的权利的转让，无需经国家知识产权局登记就可以产生转让的效力。

② 专利申请权和专利权的转让。

a. 转让专利申请权或者专利权的，当事人应当订立书面合同，并向国务院专利行政部门登记，由国务院专利行政部门予以公告。专利申请权或者专利权的转让自登记之日起生效。

b. 中国单位或者个人向外国人、外国企业或者外国其他组织转让专利申请权或者专利权的，应当依照有关法律、行政法规的规定办理手续。

c. 专利申请权可以通过转让、继承、单位的重组等合法程序取得，所以，实际申请人并不一定是发明人或者设计人本人，而可能是合法的受让人。

1.2　发明创造

专利权的保护客体是什么？专利权的保护客体是发明创造。《专利法》所称的发明创造是指发明、实用新型、外观设计。

1.2.1　发明

发明，是指对产品、方法或者其改进所提出的新的技术方案。

说明：

发明专利的保护客体是产品、方法、改进产品或者方法的技术方案。

① 产品。产品指生产制造出来的物品。例如机器、仪器、装置、零件、材料、组合物、化合物等；也包括不同物品相互配合构成的物品系统，例如地面发射装置、太空卫星、地面接收装置组成的卫星通讯系统等。

② 方法。产品制造方法和操作方法。

③ 改进产品或者方法的技术方案。现实中，绝大多数专利申请是对现有产品或者现有方法的局部改进，涉及全新产品或者全新方法的极少。

④ 技术方案。技术方案由技术特征组成。技术方案是对要解决的技术问题所采取的利用了自然规律的技术手段的集合。技术手段通常是由技术特征来体现的。

1.2.2　实用新型

实用新型，是指对产品的形状、构造或者其结合所提出的适于实用的新的技术方案。实用新型与发明的相同之处是两者都必须是一种技术方案。

说明：

实用新型专利权的保护客体只能是产品。

① 产品形状。产品的形状是指产品所具有的并可以从外部观察到的确定空间形状。无确定形状的产品，例如气态、液态、粉末状、颗粒状的物质或者材料，不能申请获得实用新型专利。

② 产品构造。产品构造是指产品的各个组成部分的安排、布置和相互关系。物质的分子结构、组分、金相结构等不属于实用新型专利给予保护的产品的构造。产品表面的文字、符号、图表或者其结合的新方案，不属于实用新型专利保护的客体。

③ 技术方案。产品的形状以及表面的图案、色彩或者其结合的新方案，没有解决技术问题的，不属于实用新型专利保护的客体。

1.2.3 外观设计

外观设计，是指对产品的形状、图案或者其结合以及色彩与形状、图案的结合所作出的富有美感并适于工业应用的新设计。

> 说明：
>
> ① 外观设计必须以产品为载体。不能重复生产的手工艺品、农产品、畜产品、自然物不能作为外观设计的载体。
>
> ② 适于工业应用的富有美感的新设计。适于工业应用，是指该外观设计能应用于产业上并形成批量生产。一般来说，批量生产既包括机械生产方式的生产，又包括手工生产方式的生产。
>
> ③ 不授予外观设计专利权的情形。取决于特定地理条件、不能重复再现的固定建筑物、桥梁等，例如，包括特定的山水在内的山水别墅；因其包含有气体、液体及粉末状等无固定形状的物质而导致其形状、图案、色彩不固定的产品；纯属美术、书法、摄影范畴的作品；以著名建筑物（如天安门）以及领袖肖像等为内容的外观设计不能被授予专利权；以中国国旗、国徽作为图案内容的外观设计，不能被授予专利权。

1.2.4 不授予专利权的发明创造

1.2.4.1 不授予专利权的主题

（1）科学发现

科学发现不属于技术发明的范畴，所以不能取得专利保护。科学发现，是指对自然界中客观存在的物质、现象、变化过程及其特性和规律的揭示。例如，发现卤化银在光照下有感光特性，这种发现不能被授予专利权，但是根据这种发现制造出的感光胶片以及此感光胶片的制造方法则可以被授予专利权。

（2）智力活动的规则和方法

智力活动的规则和方法是指导人们进行思维、表述、判断和记忆的规则和方法。由于其没有采用技术手段或者利用自然规律，也未解决技术问题和产生技术效果，因而不构成技术方案。例如，图书分类规则、字典的编排方法、情报检索的方法、专利分类法；仪器和设备的操作说明；各种游戏、娱乐的规则和方法等。

（3） 疾病的诊断和治疗方法

出于人道主义的考虑和社会伦理的原因，医生在诊断和治疗过程中应当有选择各种方法和条件的自由。另外，这类方法直接以有生命的人体或动物体为实施对象，无法在产业上利用，不属于《专利法》意义上的发明创造。因此疾病的诊断和治疗方法不能被授予专利权。但是，用于实施疾病诊断和治疗方法的仪器或装置，以及在疾病诊断和治疗方法中使用的物质或材料属于可被授予专利权的客体。

（4） 动物和植物品种

动物和植物品种不能被授予专利权。对动物和植物品种的生产方法，可以授予专利权。但这里所说的生产方法是指非生物学的方法，不包括主要是生物学的方法。植物新品种可以通过《植物新品种保护条例》给予保护。

（5） 用原子核变换方法获得的物质

原子核变换方法以及用该方法所获得的物质关系到国家的经济、国防、科研和公共生活的重大利益，不宜为单位或私人垄断，因此不能被授予专利权。

（6） 对平面印刷品的图案、 色彩或者二者的结合作出的主要起标识
作用的设计

平面印刷品，主要指平面包装袋、瓶贴、标贴等用于包装售出的产品或者附着于售出的产品上，不单独向消费者出售的二维印刷品。第（6）条属于《商标法》保护范畴。

1.2.4.2 违反社会公德和妨害公共利益的发明创造不授予专利权

对违反法律、社会公德或者妨害公共利益的发明创造，不授予专利权。对违反法律、行政法规的规定获取或者利用遗传资源，并依赖该遗传资源完成的发明创造，不授予专利权。

（1） 违反法律的发明创造

例如，用于赌博的设备、机器或工具；吸毒的器具；伪造国家货币、票据、公文、证件、印章、文物的设备等都属于违反法律的发明创造，不能被授予专利权。

但不包括以下两种情形：

① 发明创造并没有违反法律，但是由于其被滥用而违反法律的，则不属此列。例如，用于医疗的各种毒药、麻醉品、镇静剂、兴奋剂和用于娱乐的棋牌等。

② 如果仅仅是发明创造的产品的生产、销售或使用受到法律的限制或约束，则该产品本身及其制造方法并不属于违反法律的发明创造。例如，用于国防的各种武器的生产、销售及使用虽然受到法律的限制，但这些武器本身及其制造方法仍然属于可给予专利保护的客体。

（2）违反社会公德的发明创造

例如，带有暴力凶杀或者淫秽的图片或者照片的外观设计，非医疗目的的人造性器官或者其替代物，人与动物交配的方法，改变人生殖系遗传同一性的方法或改变了生殖系遗传同一性的人，克隆的人或克隆人的方法，人胚胎的工业或商业目的的应用，可能导致动物痛苦而对人或动物的医疗没有实质性益处的改变动物遗传同一性的方法等，上述发明创造违反社会公德，不能被授予专利权。

（3）妨害公共利益的发明创造

例如，发明创造以致人伤残或损害财物为手段的，如一种使盗窃者双目失明的防盗装置及方法，不能被授予专利权；发明创造的实施或使用会严重污染环境、严重浪费能源或资源、破坏生态平衡、危害公众健康的，不能被授予专利权；专利申请的文字或者图案涉及国家重大政治事件或宗教信仰、伤害人民感情或民族感情或者宣传封建迷信的，不能被授予专利权。

但不包括以下两种情形：

① 如果发明创造因滥用而可能造成妨害公共利益的。

② 发明创造在产生积极效果的同时存在某种缺点的，例如对人体有某种副作用的药品，则不能以"妨害公共利益"为理由拒绝授予专利权。

（4）关于遗传资源

《专利法》所称遗传资源，是指取自人体、动物、植物或者微生物等含有遗传功能单位并具有实际或者潜在价值的材料。

① 违法不授权。《专利法》第五条规定，对违反法律、行政法规的规定获取或者利用遗传资源，并依赖该遗传资源完成的发明创造，不授予专利权。目的是保护我国的遗传资源，促进其合理和有序的利用。违反法律、行政法规的规定获取或者利用遗传资源是指遗传资源的获取或者利用未按照"我国"有关法律、行政法规的规定事先获得有关行政管理部门的批准或者相关权利人的许可。

> 注意：此条所述的遗传资源是指中国。

② 依赖遗传资源完成的发明创造满足授权条件则授权。《专利法》所称依赖遗传资源完成的发明创造，是指利用了遗传资源的遗传功能完成的发明创造。《专利法》第二十六条规定，依赖遗传资源完成的发明创造，申请人应当在专利申请文件中说明该遗传资源的直接来源和原始来源；申请人无法说明原始来源的，应当陈述理由。

> 注意：此条所述的遗传资源既包括中国的，也包括其他国家的。

1.3　谁享有申请专利的权利及专利权的归属

发明创造是人的智力劳动成果，都是"人"做出的。

1.3.1　发明人或者设计人、申请人、专利权人

（1）发明人或者设计人

《专利法》所称发明人或者设计人，是指对发明创造的实质性特点作出创造性贡献的人。

> ① 在完成发明创造过程中，只负责组织工作的人、为物质技术条件的利用提供方便的人或者从事其他辅助工作的人，不是发明人或者设计人。
>
> ② 发明人或者设计人应当是个人而不是单位。
>
> ③ 发明人或者设计人的署名权。发明人或者设计人有权在专利文件中写明自己是发明人或者设计人。
>
> ④ 职务发明创造发明人、设计人获得奖酬的权利（见1.3.2.1）。

（2） 申请人

申请人是指就发明创造向国家知识产权局提出专利申请的人。申请人可以是自然人（包括外国人）、法人、其他组织。

（3） 专利权人

专利权人是专利权的所有人。

1.3.2　职务发明创造和非职务发明创造

1.3.2.1　职务发明创造

（1） 职务发明创造

职务发明创造是指执行本单位的任务或者主要是利用本单位的物质技术条件所完成的发明创造为职务发明创造。

① 本单位。本单位既指与发明人或者设计人具有稳定的劳动、人事关系的单位，也包括临时的工作单位。临时的工作单位指借调、兼职、实习等建立临时劳动关系的情况。

② 执行本单位的任务所完成的职务发明创造，是指：在本职工作中作出的发明创造；履行本单位交付的本职工作之外的任务所作出的发明创造；退休、调离原单位后或者劳动、人事关系终止后1年内作出的，与其在原单位承担的本职工作或者原单位分配的任务有关的发明创造。

③ 主要是利用本单位的物质技术条件所完成的发明创造。本单位物质技术条件，是指本单位的资金、设备、零部件、原材料、不对外公开的技术材料等。

> 注意："主要是利用" 是指对本单位物质技术条件的利用是完成发明创造不可缺少或者不可替代的意思。

（2） 职务发明创造申请专利的权利及专利权的归属

① 约定优先原则。利用本单位的物质技术条件所完成的发明创造，单位与发明人或者设计人订有书面合同，对申请专利的权利和专利权的归属作出约定的，从其约定。

> 说明： 单位与发明人或者设计人订有书面合同应当限于"利用本单位的物质技术条件所完成的发明创造"， 对于执行本单位的任务所完成的发明创造不适用。

② 单位的权利。职务发明创造申请专利的权利属于该单位；申请被批准后，该单位为专利权人。

③ 发明人或者设计人的权利

职务发明创造发明人、设计人有获得奖酬的权利：

a.《专利法》第十六条 被授予专利权的单位应当对职务发明创造的发明人或者设计人给予奖励；发明创造专利实施后，根据其推广应用的范围和取得的经济效益，对发明人或者设计人给予合理的报酬。

b. 奖励报酬的约定优先原则。被授予专利权的单位可以与发明人、设计人约定或者在其依法制定的规章制度中规定《专利法》第十六条规定的奖励、报酬的方式和数额。企业、事业单位给予发明人或者设计人的奖励、报酬，按照国家有关财务、会计制度的规定进行处理。

c. 奖励的法定标准。被授予专利权的单位未与发明人、设计人约定也未在其依法制定的规章制度中规定《专利法》第十六条规定的奖励的方式和数额的，应当自专利权公告之日起 3 个月内发给发明人或者设计人奖金。一项发明专利的奖金最低不少于 3000 元；一项实用新型专利或者外观设计专利的奖金最低不少于 1000 元。由于发明人或者设计人的建议被其所属单位采纳而完成的发明创造，被授予专利权的单位应当从优发给奖金。

d. 报酬的法定标准。被授予专利权的单位未与发明人、设计人约定也未在其依法制定的规章制度中规定《专利法》第十六条规定的报酬的方式和数额的，在专利权有效期限内，实施发明创造专利后，每年应当从实施该项发明或者实用新型专利的营业利润中提取不低于 3% 或者从实施该项外观设计专利的营业利润中提取不低于 0.2%，作为报酬给予发明人或者设计人，或者参照上述比例，给予发明人或者设计人一次性报酬；被授予专利权的单位许可其他单位或者个人实施其专利的，应当从收取的使用费中提取不低于 10%，作为报酬给予发明人或者设计人。

署名权：

发明人或者设计人有权在专利文件中写明自己是发明人或者设计人。专利权人有权在其专利产品或者该产品的包装上标明专利标识。

1.3.2.2　非职务发明创造

（1）　非职务发明创造

只要不属于职务发明创造，就是非职务发明创造。

（2）　非职务发明创造申请专利的权利及专利权的归属

非职务发明创造，申请专利的权利属于发明人或者设计人；申请被批准后，该发明人或者设计人为专利权人。

1.3.3　合作或者委托完成的发明创造

两个以上单位或者个人合作完成的发明创造、一个单位或者个人接受其他单位或者个人委托所完成的发明创造，除另有协议的以外，申请专利的权利属于完成或者共同完成的单位或者个人；申请被批准后，申请的单位或者个人为专利权人。

1.4　授予专利权的条件

1.4.1　优先权

（1）　外国优先权和本国优先权

① 外国优先权。申请人就相同主题的发明或者实用新型在外国第一次提出专利申请之日起12个月内，或者就相同主题的外观设计在外国第一次提出专利申请之日起6个月内，又在中国提出申请的，依照该国同中国签订的协议或者共同参加的国际条约，或者依照相互承认优先权的原则，可以享有优先权。这种优先权称为外国优先权。

② 本国优先权。申请人就相同主题的发明或者实用新型在中国第一次提出专利申请之日起12个月内，又以该发明专利申请为基础向专利局提出发明专利申请或者实用新型专利申请的，或者又以该实用新型专利申请为基础向专利局提出实用新型专利申请或者发明专利申请的，可以享有优先权。这种优先权称为本

国优先权。

申请人要求本国优先权，在先申请是发明专利申请的，可以就相同主题提出发明或者实用新型专利申请；在先申请是实用新型专利申请的，可以就相同主题提出实用新型或者发明专利申请。但是，提出后一申请时，在先申请的主题有下列情形之一的，不得作为要求本国优先权的基础：已经要求外国优先权或者本国优先权的；已经被授予专利权的；属于按照规定提出的分案申请的。

申请人要求本国优先权的，其在先申请自后一申请提出之日起即视为撤回。

> 说明："相同主题的发明或者实用新型"，是指技术领域、所解决的技术问题、技术方案和预期的效果相同的发明或者实用新型。但应注意这里所谓的相同，并不意味在文字记载或者叙述方式上完全一致。

（2）要求优先权的手续

要求优先权，是指申请人根据外国优先权或本国优先权规定向专利局要求以其在先提出的专利申请为基础享有优先权。

申请人要求优先权的，应当在申请的时候提出书面声明，并且在3个月内提交第一次提出的专利申请文件的副本；未提出书面声明或者逾期未提交专利申请文件副本的，视为未要求优先权。

①要求外国优先权的，申请人提交的在先申请文件副本应当经原受理机构证明。依照国务院专利行政部门与该受理机构签订的协议，国务院专利行政部门通过电子交换等途径获得在先申请文件副本的，视为申请人提交了经该受理机构证明的在先申请文件副本。

② 要求本国优先权，申请人在请求书中写明在先申请的申请日和申请号的，视为提交了在先申请文件副本。

③ 要求优先权，但请求书中漏写或者错写在先申请的申请日、申请号和原受理机构名称中的一项或者两项内容的，国务院专利行政部门应当通知申请人在指定期限内补正；期满未补正的，视为未要求优先权。

④ 要求优先权的申请人的姓名或者名称与在先申请文件副本中记载的申请人姓名或者名称不一致的，应当提交优先权转让证明材料，未提交该证明材料的，视为未要求优先权。

⑤ 外观设计专利申请的申请人要求外国优先权，其在先申请未包括对外观设计的简要说明，申请人按照《实施细则》第二十八条规定提交的简要说明未超

出在先申请文件的图片或者照片表示的范围的，不影响其享有优先权。

（3） 专利申请享受优先权的意义

进行新颖性和创造性判断时，将选择现有技术的日期提前到优先权日。

（4） 多项优先权

申请人在一件专利申请中，可以要求一项或者多项优先权；要求多项优先权的，该申请的优先权期限从最早的优先权日起计算。

（5） 部分优先权

要求优先权的申请中，除包括作为优先权基础的申请中记载的技术方案外，还可以包括一个或多个新的技术方案。例如在后申请中除记载了首次申请的技术方案外，还记载了对该技术方案进一步改进或者完善的新技术方案，如增加了反映说明书中新增实施方式或实施例的从属权利要求，或者增加了符合单一性的独立权利要求，在这种情况下，对于该在后申请中所要求的与首次申请中相同主题的发明创造给予优先权，现有技术的时间界限为首次申请的申请日，即优先权日，其余的则以在后申请之日为现有技术的时间界限。该在后申请中有部分技术方案享有优先权，故称为部分优先权。

部分优先权的规定适用于外国优先权和本国优先权。

1.4.2 授予发明和实用新型专利权的条件

授予专利权的发明的阶段：先形式审查，后实质审查；授予专利权的实用新型、外观设计的阶段：形式审查。

授予专利权的发明和实用新型，应当具备新颖性、创造性和实用性，常简称为"三性"。

发明专利申请的审批程序包括受理、初审、公布、实审以及授权五个阶段；实用新型或者外观设计专利申请在审批中不进行早期公布和实质审查，只有受理、初审和授权三个阶段，如图 1-2 所示。

1.4.2.1 现有技术

现有技术是指申请日（有优先权的，指优先权日）以前在国内外为公众所知的技术。现有技术包括在申请日（有优先权的，指优先权日）以前在国内外出版物上公开发表、在国内外公开使用或者以其他方式为公众所知的技术。

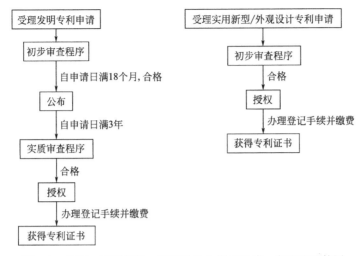

图 1-2 发明、实用新型、外观设计专利的申请、审查流程简图

（1）为公众所知

为公众所知，指有关技术内容在申请日之前处于公众想要得知就能得知的状态。为公众所知的状态只要客观存在，有关技术就被认为已经公开，至于有没有人了解或者有多少人实际上已经了解该技术无关紧要。例如，图书馆里有关技术的书籍，使相关技术处于公众能够获得的状态，至于实际上是否有人借阅、购买都是无关紧要的。

处于保密状态的技术内容不属于现有技术。然而，如果负有保密义务的人违反规定、协议或者默契泄露秘密，导致技术内容公开，使公众能够得知这些技术，这些技术也就构成了现有技术的一部分。

（2）现有技术的时间界限

现有技术的时间界限：指申请日（有优先权的，指优先权日）以前，但不包括申请日当天公开的技术内容。

（3）现有技术的范围

现有技术公开方式包括出版物公开、使用公开和以其他方式公开三种，均无地域限制。

① 出版物公开。出版物是指记载有技术或设计内容的独立存在的传播载体，并且应当表明或者有其他证据证明其公开发表或出版的时间。

出版物不限于印刷的，也包括打字的，手写的，用电、光、磁、照相等方式复制的；其载体不限于纸张，也可以包括各种其他类型的信息载体，如照相底片、光盘等。

用于判断新颖性和创造性的出版物主要包括：专利文献、科技杂志、科技书籍、学术论文、专业文献、教科书、技术手册、正式公布的会议记录或者技术报告、报纸、产品样本、产品目录、广告宣传册等。还可以是以其他形式存在的资料，例如存在于互联网或其他在线数据库中的资料等。

出版物不受地理位置、语言或者获得方式的限制，也不受年代的限制。出版物的出版发行量多少、是否有人阅读过、申请人是否知道是无关紧要的。

印有"内部资料"、"内部发行"等字样的出版物，确系在特定范围内发行并要求保密的，不属于公开出版物。

出版物的印刷日视为公开日，有其他证据证明其公开日的除外。印刷日只写明年月或者年份的，以所写月份的最后一日或者所写年份的 12 月 31 日为公开日。

② 使用公开。使用公开是指由于使用而导致技术方案的公开，或者导致技术方案处于公众可以得知的状态。

使用公开的方式包括能够使公众得知其技术内容的制造、使用、销售、进口、交换、馈赠、演示、展出等方式。只要通过上述方式使有关技术内容处于公众想得知就能够得知的状态，就构成使用公开，而不取决于是否有公众得知。但是，未给出任何有关技术内容的说明，以致所属技术领域的技术人员无法得知其结构和功能或材料成分的产品展示，不属于使用公开。

如果使用公开的是一种产品，即使所使用的产品或者装置需要经过破坏才能够得知其结构和功能，也仍然属于使用公开。此外，使用公开还包括放置在展台上、橱窗内公众可以阅读的信息资料及直观资料，例如招贴画、图纸、照片、样本、样品等。

使用公开是以公众能够得知该产品或者方法之日为公开日。

③ 以其他方式公开。为公众所知的其他方式，主要是指口头公开等。例如，口头交谈、报告、讨论会发言、广播、电视、电影等能够使公众得知技术内容的方式。口头交谈、报告、讨论会发言以其发生之日为公开日。公众可接收的广播、电视或电影的报道，以其播放日为公开日。

1.4.2.2　新颖性、创造性、实用性

（1）新颖性

新颖性，是指该发明或者实用新型不属于现有技术；也没有任何单位或者个人就同样的发明或者实用新型在申请日以前向国务院专利行政部门提出过申请，并记载在申请日以后公布的专利申请文件或者公告的专利文件中。

① 抵触申请。在发明或者实用新型新颖性的判断中，由任何单位或者个人就同样的发明或者实用新型在申请日以前向专利局提出并且在申请日以后（含申请日）公布的专利申请文件或者公告的专利文件损害该申请日提出的专利申请的新颖性。为描述简便，在判断新颖性时，将这种损害新颖性的专利申请，称为抵触申请。

② 判断新颖性。需要同时考虑：是否属于现有技术和是否有抵触申请。

申请专利的发明创造在申请日（享有优先权的，指优先权日）以前6个月内，有下列情形之一的，不丧失新颖性：在中国政府主办或者承认的国际展览会上首次展出的；在规定的学术会议或者技术会议上首次发表的；他人未经申请人同意而泄露其内容的。

> 说明：
> a. 中国政府主办或者承认的国际展览会。中国政府主办的国际展览会，包括国务院、各部委主办或者国务院批准由其他机关或者地方政府举办的国际展览会。中国政府承认的国际展览会，是指国际展览会公约规定的由国际展览局注册或者认可的国际展览会。所谓国际展览会，即展出的展品除了举办国的产品以外，还应当有来自外国的展品。
>
> b. 规定的学术会议或者技术会议。规定的学术会议或者技术会议，是指国务院有关主管部门或者全国性学术团体组织召开的学术会议或者技术会议，不包括省以下或者受国务院各部委或者全国性学术团体委托或者以其名义组织召开的学术会议或者技术会议。在后者所述的会议上的公开将导致丧失新颖性，除非这些会议本身有保密约定。
>
> c. 他人未经申请人同意而泄露其内容。他人未经申请人同意而泄露其内容所造成的公开，包括他人未遵守明示或者默示的保密信约而将发明创造的内容公开，也包括他人用威胁、欺诈或者间谍活动等手段从发明人或者申请人那里得知发明创造的内容而后造成的公开。

（2）创造性

创造性，是指与现有技术相比，该发明具有突出的实质性特点和显著的进步，该实用新型具有实质性特点和进步。

① 创造性是比新颖性要求更高的授权条件。

② 突出的实质性特点。发明有突出的实质性特点，是指对所属技术领域的技术人员来说，发明相对于现有技术是非显而易见的。如果发明是所属技术领域的技术人员在现有技术的基础上仅仅通过合乎逻辑的分析、推理或者有限的试验可以得到的，则该发明是显而易见的，也就不具备突出的实质性特点。

其中"突出"一词表明对发明专利和实用新型专利的实质性特点的要求在程度上有所不同。

所属技术领域的技术人员（也可称为本领域的技术人员），是指一种假设的"人"，假定他知晓申请日或者优先权日之前发明所属技术领域所有的普通技术知识，能够获知该领域中所有的现有技术，并且具有应用该日期之前常规实验手段的能力，但他不具有创造能力。如果所要解决的技术问题能够促使本领域的技术人员在其他技术领域寻找技术手段，他也应具有从该其他技术领域中获知该申请日或优先权日之前的相关现有技术、普通技术知识和常规实验手段的能力。

③ 显著的进步。发明有显著的进步，是指发明与现有技术相比能够产生有益的技术效果。例如，发明克服了现有技术中存在的缺点和不足，或者为解决某一技术问题提供了一种不同构思的技术方案，或者代表某种新的技术发展趋势。

其中"显著"一词表明对发明专利和实用新型专利的进步的要求在程度上有所不同。

（3）实用性

实用性，是指该发明或者实用新型能够制造或者使用，并且能够产生积极效果。

① 发明或者实用新型不能是抽象的、纯理论的东西，不能只在理论上、思维上予以应用，而必须在实际产业中予以应用。所谓产业，它包括工业、农业、林业、水产业、畜牧业、交通运输业以及文化体育、生活用品和医疗器械等行业。

授予专利权的发明或者实用新型，必须是能够解决技术问题，并且能够应用的发明或者实用新型。换句话说，如果申请的是一种产品（包括发明和实用新型），那么该产品必须在产业中能够制造，并且能够解决技术问题；如果申请的是一种方法（仅限发明），那么这种方法必须在产业中能够使用，并且能够解决技术问题。只有满足上述条件的产品或者方法专利申请才可能被授予专利权。

② 能够产生积极效果，是指发明或者实用新型专利申请在提出申请之日，

其产生的经济、技术和社会的效果是所属技术领域的技术人员可以预料到的。这些效果应当是积极的和有益的。积极效果包括技术效果、经济效果、社会效果。

要求申请专利的发明或者实用新型能够产生积极的效果，并不要求其完美无缺。被认定为不能产生积极效果的发明或者实用新型是明显无益的，而且可能带来不良影响。

1.4.3 授予外观设计专利权的条件

授予专利权的外观设计，应当不属于现有设计；也没有任何单位或者个人就同样的外观设计在申请日（有优先权日的指优先权日）以前向国务院专利行政部门提出过申请，并记载在申请日以后公告的专利文件中。

授予专利的外观设计的实质性条件如下。

（1）不属于现有设计

现有设计，是指申请日以前在国内外为公众所知的设计。

（2）不存在抵触申请

没有任何单位或者个人就同样的外观设计在申请日（有优先权日的指优先权日）以前向国务院专利行政部门提出过申请，并记载在申请日以后公告的专利文件中

（3）授予专利权的外观设计与现有设计或者现有设计特征的组合相比，应当具有明显区别

涉案专利与现有设计或者现有设计特征的组合相比不具有明显区别是指如下几种情形：

① 涉案专利与相同或者相近种类产品现有设计相比不具有明显区别；

② 涉案专利是由现有设计转用得到的，二者的设计特征相同或者仅有细微差别，且该具体的转用手法在相同或者相近种类产品的现有设计中存在启示；

③ 涉案专利是由现有设计或者现有设计特征组合得到的，所述现有设计与涉案专利的相应设计部分相同或者仅有细微差别，且该具体的组合手法在相同或者相近种类产品的现有设计中存在启示。

以下几种类型的转用属于明显存在转用手法的启示的情形，由此得到的外观设计与现有设计相比不具有明显区别：

① 单纯采用基本几何形状或者对其仅作细微变化得到的外观设计；

② 单纯模仿自然物、自然景象的原有形态得到的外观设计；

③ 单纯模仿著名建筑物、著名作品的全部或者部分形状、图案、色彩得到的外观设计；

④ 由其他种类产品的外观设计转用得到的玩具、装饰品、食品类产品的外观设计。

上述情形中产生独特视觉效果的除外。

以下几种类型的组合属于明显存在组合手法的启示的情形，由此得到的外观设计属于与现有设计或者现有设计特征的组合相比没有明显区别的外观设计：

① 将相同或者相近种类产品的多项现有设计原样或者作细微变化后进行直接拼合得到的外观设计。例如，将多个零部件产品的设计直接拼合为一体形成的外观设计。

② 将产品外观设计的设计特征用另一项相同或者相近种类产品的设计特征原样或者作细微变化后替换得到的外观设计。

③ 将产品现有的形状设计与现有的图案、色彩或者其结合通过直接拼合得到该产品的外观设计；或者将现有设计中的图案、色彩或者其结合替换成其他现有设计的图案、色彩或者其结合得到的外观设计。上述情形中产生独特视觉效果的除外。

④ 授予专利权的外观设计不得与他人在申请日以前已经取得的合法权利相冲突。

在先取得的合法权利包括：商标权、著作权、企业名称权、肖像权、知名商品特有包装或者装潢使用权等。

1.5 专利代理

专利代理是指专利代理机构以委托人的名义，在代理权限范围内，办理专利申请或者办理其他专利事物。

申请人申请专利时，办理申请手续有两种方式：自己办理和委托专利代理机构办理。

1.5.1 委托专利代理的手续

① 请求书中填写专利代理机构等信息；②向专利局提交专利代理委托书。

1.5.2 专利代理机构

（1）专利代理机构

专利代理机构应当依照专利代理条例的规定经国家知识产权局批准成立。专利代理机构接受委托以后，其在委托权限内采取的行为与委托人采取的相同行为有同等效力，由此产生的后果对委托人具有约束力。

① 谁必须委托专利代理机构办理。在中国内地没有经常居所或者营业所的外国人、外国企业或者外国其他组织在中国申请专利和办理其他专利事务，或者作为第一署名申请人与中国内地的申请人共同申请专利和办理其他专利事务的，应当委托专利代理机构办理；

在中国内地没有经常居所或者营业所的香港、澳门或者台湾地区的申请人向专利局提出专利申请和办理其他专利事务，或者作为第一署名申请人与中国内地的申请人共同申请专利和办理其他专利事务的，应当委托专利代理机构办理。

② 委托专利代理机构的注意事项。

一件专利申请只允许委托一家专利代理机构；

专利代理机构办理转委托手续，转让申请权或专利权，撤回专利申请，放弃专利权等涉及共有权利的手续时，应当得到全体委托人的同意；

申请人有权解除对专利代理机构的委托，专利代理机构也可以辞去委托，均应当通知对方并向国家知识产权局提出声明，提交相应附件并办理著录项目变更手续；

专利代理机构接受委托后，不得就同一内容的专利事务接受有利害关系的其他委托人的委托。

（2）专利代理机构的执业范围

① 提供专利事务方面的咨询；②代写专利申请文件，办理专利申请；请求实质审查或者复审的有关事务；③提出异议，请求宣告专利权无效的有关事务；④办理专利申请权、专利权的转让以及专利许可的有关事务；⑤接受聘请，指派专利代理人担任专利顾问；⑥办理其他有关事务。

1.5.3 专利代理人

专利代理人，是指获得专利代理人资格证书、在合法的专利代理机构执业，并且在国家知识产权局办理了专利代理人执业证的人员。

专利代理机构接受委托后，应当指定该专利代理机构的专利代理人办理有关事务，被指定的专利代理人不得超过两名。

1.5.4　专利代理委托书

（1）专利代理委托书

申请人委托专利代理机构向专利局申请专利和办理其他专利事务的，应当提交委托书。

① 委托书应当使用专利局制定的标准表格，写明委托权限、发明创造名称、专利代理机构名称、专利代理人姓名，并应当与请求书中填写的内容相一致。

② 在专利申请确定申请号后提交委托书的，应当注明专利申请号。

③ 申请人是个人的，委托书应当由申请人签字或者盖章；申请人是单位的，应当加盖单位公章，同时也可以附有其法定代表人的签字或者盖章；申请人有两个以上的，应当由全体申请人签字或者盖章。此外，委托书还应当由专利代理机构加盖公章。

（2）总委托书

申请人委托专利代理机构的，可以向专利局交存总委托书。专利局收到符合规定的总委托书后，应当给出总委托书编号，并通知该专利代理机构。已交存总委托书的，在提出专利申请时可以不再提交专利代理委托书原件，而提交总委托书复印件，同时写明发明创造名称、专利代理机构名称、专利代理人姓名和专利局给出的总委托书编号，并加盖专利代理机构公章（原件）。

1.5.5　解除委托和辞去委托

申请人（或专利权人）委托专利代理机构后，可以解除委托；专利代理机构接受申请人（或专利权人）委托后，可以辞去委托。均应办理著录项目变更手续。

① 解除委托时，申请人（或专利权人）应当提交著录项目变更申报书，并附具全体申请人（或专利权人）签字或者盖章的解聘书，或者仅提交由全体申请人（或专利权人）签字或者盖章的著录项目变更申报书。

② 辞去委托时，专利代理机构应当提交著录项目变更申报书，并附具申请

人（或专利权人）或者其代表人签字或者盖章的同意辞去委托声明，或者附具由专利代理机构盖章的表明已通知申请人（或专利权人）的声明。

③ 著录项目变更手续合格的，手续合格通知书的发文日为解除或者辞去委托的生效日。变更手续生效之前，该专利代理机构为申请人办理的事务继续有效。

第2章 专利的申请

2.1 办理专利申请的形式

办理专利申请有两种形式：纸件和电子件。

（1）纸件

以纸件形式提出专利申请并被受理，在审批程序中应当以纸件形式提交相关文件，另有规定的除外。

> 注意：以口头、电话、实物等非纸件形式办理各种手续的，或者以电报、电传、传真、电子邮件等通讯手段办理各种手续的，均视为未提出。

（2）电子件

以电子文件形式提出专利申请并被受理的，在审批程序中应当通过电子专利申请系统以电子文件形式提交相关文件，另有规定的除外。不符合规定的，该文件视为未提交。

2.2 专利申请文件

申请人提出专利申请，向专利局提交的《专利法》规定的请求书、说明书、权利要求书、说明书附图和摘要或者《专利法》规定的请求书、图片或者照片、简要说明等文件，称为专利申请文件。

2.2.1 三种专利申请文件

2.2.1.1　发明专利申请文件

发明专利申请文件应当包括：发明专利请求书、说明书摘要（必要时应当提交摘要附图）、权利要求书、说明书（必要时应当提交明书附图）。依赖遗传资源完成的发明创造申请专利的，申请文件应当包括遗传资源来源披露登记表；涉及氨基酸或者核苷酸序列的发明专利申请，申请文件应当包括相应序列表；对于进入中国国家阶段的国际申请的专利申请文件，申请文件应当包括以中文提交进入中国国家阶段的书面声明。

① 发明专利请求书。"请求书"是由专利局印制的统一表格。

② 权利要求书的撰写很重要。发明或者实用新型专利权的"保护范围"以其权利要求的内容为准。

③ 说明书摘要。说明书摘要摘要是说明书记载内容的概述，不具有法律效力。摘要的内容不属于发明或者实用新型原始记载的内容，不能作为以后修改说明书或者权利要求书的根据，也不能用来解释专利权的保护范围。

④ "应当"的意思等同于"必须"。

⑤ 遗传资源来源披露登记表。依赖遗传资源完成的发明创造申请专利的，申请人应当在请求书中对遗传资源的来源予以说明，并填写遗传资源来源披露登记表，写明该遗传资源的直接来源和原始来源。申请人无法说明原始来源的，应当陈述理由。

⑥ 氨基酸或者核苷酸序列表。涉及氨基酸或者核苷酸序列的发明专利申请，说明书中应包括该序列表，并把序列表单独编写页码。同时还应提交符合国家知识产权局规定的计算机可读形式的副本，例如光盘。

⑦ 文件份数。申请人提交的专利申请文件应当一式两份，原本和副本各一份。其中发明或者实用新型专利申请的请求书、说明书、说明书附图、权利要求书、说明书摘要、摘要附图应当提交一式两份。外观设计专利申请的请求书、图片或者照片、简要说明应当提交一式两份，并应当注明其中的原本。申请人未注明原本的，专利局指定一份作为原本。两份文件的内容不同时，以原本为准。

2.2.1.2　实用新型专利申请文件

实用新型专利申请文件应当包括：实用新型专利请求书、说明书摘要及其摘要附图、权利要求书、说明书、说明书附图（必须包含说明书附图）。文件份数同发明专利申请文件的文件份数。

2.2.1.3　外观设计专利申请文件

外观设计专利申请文件应当包括：外观设计专利请求书、图片或者照片、对该外观设计的简要说明。

外观设计专利权的保护范围以表示在图片或者照片中的该产品的外观设计为准，简要说明可以用于解释图片或者照片所表示的该产品的外观设计。

（1）　图片或者照片应当清楚地显示要求专利保护的产品的外观设计

① 视图的名称及其标注

a. 视图的名称包括：六面正投影视图（主视图、后视图、左视图、右视图、俯视图和仰视图）、立体图、展开图、剖视图、剖面图、放大图、变化状态图、参考图等。

各视图的视图名称应当标注在相应视图的正下方。电子申请的视图名称应通过电子申请的客户端填写，不应直接显示在视图中。

主视图：主视图所对应的面应当是使用常朝向消费者的面或者最大程度反映产品的整体设计的面。

参考图：参考图通常用于表明使用外观设计的产品的用途、使用方法或者使用场所等。

b. 视图名称标注要求

成套产品，应当在其中每件产品的视图名称前以阿拉伯数字顺序编号标注，并在编号前加"套件"字样。例如，对于成套产品中的第 4 套件的主视图，其视图名称为：套件 4 主视图。

同一产品的相似外观设计，应当在每个设计的视图名称前以阿拉伯数字顺序编号标注，并在编号前加"设计"字样。例如，设计 1 主视图。

组件产品，是指由多个构件相结合构成的一件产品。分为无组装关系、组装关系唯一或者组装关系不唯一的组件产品。对于组装关系唯一的组件产品，应当提交组合状态的产品视图；对于无组装关系或者组装关系不唯一的组件产品，应当提交各构件的视图，并在每个构件的视图名称前以阿拉伯数字顺序编号标注，并在编号前加"组件"字样。例如，对于组件产品中的第 3 组件的左视图，其视图名称为：组件 3 左视图。

有多种变化状态的产品的外观设计，应当在其显示变化状态的视图名称后，以阿拉伯数字顺序编号标注。

② 视图的数量

a. 立体产品的外观设计。产品设计要点涉及六个面的，应当提交六面正投影视图；产品设计要点仅涉及一个或几个面的，应当至少提交所涉及面的正投影视图和立体图，并应当在简要说明中写明省略视图的原因。

注意：对于立体产品，应当提交的足够的视图以清除显示其三维形态，申请人应当在申请时提交立体图。如果申请人补交立体图，则会因修改超范围而违反《专利法》第三十三条的规定，对外观设计专利申请文件的修改不得超出原图片或者照片表示的范围。

b. 平面产品的外观设计。产品设计要点涉及一个面的，可以仅提交该面正投影视图；产品设计要点涉及两个面的，应当提交两面正投影视图。

③ 三图片的绘制

a. 图片应当参照我国技术制图和机械制图国家标准中有关正投影关系、线条宽度以及剖切标记的规定绘制，并应当以粗细均匀的实线表达外观设计的形状。不得以阴影线、指示线、虚线、中心线、尺寸线、点划线等线条表达外观设计的形状。可以用两条平行的双点划线或自然断裂线表示细长物品的省略部分。图面上可以用指示线表示剖切位置和方向、放大部位、透明部位等，但不得有不必要的线条或标记。图片应当清楚地表达外观设计。

b. 图片可以使用包括计算机在内的制图工具绘制，但不得使用铅笔、蜡笔、圆珠笔绘制，也不得使用蓝图、草图、油印件。

c. 对于使用计算机绘制的外观设计图片，图面分辨率应当满足清晰的要求。

④ 照片的拍摄

a. 照片应当清晰，避免因对焦等原因导致产品的外观设计无法清楚地显示。

b. 照片背景应当单一，避免出现该外观设计产品以外的其他内容。产品和背景应有适当的明度差，以清楚地显示产品的外观设计。

c. 照片的拍摄通常应当遵循正投影规则，避免因透视产生的变形影响产品的外观设计的表达。

d. 照片应当避免因强光、反光、阴影、倒影等影响产品的外观设计的表达。

e. 照片中的产品通常应当避免包含内装物或者衬托物，但对于必须依靠内装物或者衬托物才能清楚地显示产品的外观设计时，则允许保留内装物或者衬托物。

（2） 申请人请求保护色彩的， 应当提交彩色图片或者照片

（3） 外观设计的简要说明

外观设计的简要说明应当写明外观设计产品的名称、用途，外观设计的设计要点，并指定一幅最能表明设计要点的图片或者照片。省略视图或者请求保护色彩的，应当在简要说明中写明。

① 外观设计产品的名称。简要说明中的产品名称应当与请求书中的产品名称一致。

② 外观设计产品的用途。简要说明中应当写明有助于确定产品类别的用途。对于具有多种用途的产品，简要说明应当写明所述产品的多种用途。

③ 外观设计的设计要点。设计要点是指与现有设计相区别的产品的形状、图案及其结合，或者色彩与形状、图案的结合，或者部位。对设计要点的描述应当简明扼要。

④ 指定一幅最能表明设计要点的图片或者照片。指定的图片或者照片用于出版专利公报。

⑤ 省略视图的情况。如果外观设计专利申请省略了视图，申请人通常应当写明省略视图的具体原因，例如因对称或者相同而省略；如果难以写明的，也可仅写明省略某视图，例如大型设备缺少仰视图，可以写为"省略仰视图"。

⑥ 请求保护色彩的情况。如果外观设计专利申请请求保护色彩，应当在简要说明中声明。

⑦ 对同一产品的多项相似外观设计提出一件外观设计专利申请的，应当在简要说明中指定其中一项作为基本设计。

⑧ 对于花布、壁纸等平面产品，必要时应当描述平面产品中的单元图案两方连续或者四方连续等无限定边界的情况。

⑨ 对于细长物品，必要时应当写明细长物品的长度采用省略画法。

⑩ 如果产品的外观设计由透明材料或者具有特殊视觉效果的新材料制成，必要时应当在简要说明中写明。

⑪ 如果外观设计产品属于成套产品，必要时应当写明各套件所对应的产品名称。

⑫ 简要说明不得使用商业性宣传用语，也不能用来说明产品的性能。

（4） 文件份数

同发明专利申请文件的文件份数

2.2.1.4 提交申请时如何排列申请文件

发明或者实用新型专利申请文件各部分应按下列顺序排列：请求书、说明书摘要、摘要附图、权利要求书、说明书、（说明书附图）和其他文件。

外观设计专利申请文件各部分应按下列顺序排列：请求书、图片或照片、简要说明。

申请文件各部分应当用阿拉伯数字分别顺序编号。

2.2.2 单一性、合案申请和分案申请

2.2.2.1 单一性和合案申请

（1）发明和实用新型专利申请的单一性

单一性，是指一件发明或者实用新型专利申请应当限于一项发明或者实用新型。属于"一个总的发明构思的两项以上的发明或者实用新型"，可以作为一件发明申请提出。所谓属于一个总的发明构思的两项以上的发明或实用新型是指它们应当在技术上相互关联，包含一个或多个相同或相应的特定技术特征，其中特定技术是指每一项发明或实用新型作为整体，对现有技术作出贡献的技术特征。

（2）外观设计专利申请的单一性

一件外观设计专利申请应当限于一项外观设计。同一产品两项以上的相似外观设计，或者用于同一类别并且成套出售或者使用的产品的两项以上外观设计，可以作为一件申请提出。

同一产品的两项以上的相似外观设计，或者属于同一类别并且成套出售或者使用的产品的两项以上外观设计，可以作为一件申请提出（简称"合案申请"）。同一产品的其他外观设计应当与简要说明中指定的基本外观设计相似，一件外观设计专利申请中的相似外观设计不得超过 10 项。成套产品是指由两件以上（含两件）属于同一大类、各自独立的产品组成，个产品的设计构思相同，其中每一件产品具有独立的使用价值，而各件产品组合在一起又能体现其组合使用价值的产品。例如：由咖啡杯、咖啡壶、牛奶壶和糖罐组成的咖啡器具。

注意：

① 提出申请后，修改申请使其符合单一性，否则可能导致申请被驳回。

判断专利申请的单一性， 有时是比较复杂的问题， 所以允许申请人在提出申请以后， 当审查员提出或本人发现申请不具备单一性时， 可以修改申请， 使其符合单一性。 而原申请中包含的其他发明、 实用新型或者外观设计， 允许申请人分出来重新申请， 这种以原申请中分出来的发明、 实用新型或者外观设计为内容的申请， 一般称作分案申请。（详见2.3.1节请求书第14栏的填写）

当审查员经审查认为申请不符合单一性， 要求申请人修改时， 如果申请人拒绝修改， 可能导致申请被驳回。

② 专利申请是否具备单一性， 发明和实用新型申请是由权利要求书的内容决定的， 外观设计申请是由图片或照片决定的。

③ 缺乏单一性不影响专利的有效性， 因此缺乏单一性不应当作为专利无效的理由。

2.2.2.2 分案申请

（1） 什么情况需要提出分案申请？

当专利申请不符合单一性要求时，申请人应当对该申请进行修改使其符合单一性要求，申请人也可以主动提出或者依据审查员的审查意见提出分案申请。

（2） 不得超范围

分案申请的内容不得超出原申请公开的范围。如果超出后又不愿删去的，分案申请将会被驳回。

（3） 递交时间

一件专利申请包括两项以上发明、实用新型或者外观设计的，申请人可以在收到国家知识产权局发出的授予专利权通知之日起的2个月内，向国务院专利行政部门提出分案申请。

上述期限届满后，或者原申请已被驳回，或者原申请已撤回，或者原申请被视为撤回且未被恢复权利的，一般不得再提出分案申请。

对于审查员已发出驳回决定的原申请，自申请人收到驳回决定之日起3个月内，不论申请人是否提出复审请求，均可以提出分案申请；在提出复审请求以后以及对复审决定不服提起行政诉讼期间，申请人也可以提出分案申请。

（4）　分案申请的类别

分案申请的类别应当与原申请的类别一致。分案申请改变类别的，国家知识产权局不予受理。

（5）　分案申请的申请人和发明人

分案申请的申请人应当与原申请的申请人相同；不相同的，应当提交有关申请人变更的证明材料。分案申请的发明人也应当是原申请的发明人或者是其中的部分成员。对于不符合规定的，审查员应当发出补正通知书，通知申请人补正。期满未补正的，审查员应当发出视为撤回通知书。

（6）　分案申请提交的文件

分案申请除应当提交申请文件外，还应当提交原申请的申请文件副本以及原申请中与本分案申请有关的其他文件副本（如优先权文件副本）。原申请中已提交的各种证明材料，可以使用复印件。原申请的国际公布使用外文的，除提交原申请的中文副本外，还应当同时提交原申请国际公布文本的副本。对于不符合规定的，审查员应当发出补正通知书，通知申请人补正。期满未补正的，审查员应当发出视为撤回通知书。

> 说明：原申请享有优先权的应当提交原申请的优先权文件副本。原申请享有优先权的，在提交分案申请的同时，还应当提交原申请的优先权文件副本。申请时为提交的，应当在接到审查员的补正通知后按规定期限补交，否则申请将被视为撤回。

（7）　分案申请的期限和费用

分案申请适用的各种法定期限，例如提出实质审查请求的期限，应当从原申请日起算。对于已经届满或者自分案申请递交日起至期限届满日不足 2 个月的各种期限，申请人可以自分案申请递交日起 2 个月内或者自收到受理通知书之日起 15 日内补办各种手续；期满未补办的，审查员应当发出视为撤回通知书。

对于分案申请，应当视为一件新申请收取各种费用。对于已经届满或者自分案申请递交日起至期限届满日不足 2 个月的各种费用，申请人可以在自分案申请递交日起 2 个月内或者自收到受理通知书之日起 15 日内补缴；期满未补缴或未缴足的，审查员应当发出视为撤回通知书。

（8）　原申请的优先权文件副本

原申请享有优先权的，在提交分案申请的同时，还应当提交原申请的优先权文件副本。申请时未提交的，应当在接到审查员的补正通知后按规定期限补交，否则申请将被视为撤回。

2.3　专利申请文件的填写

2.3.1　请求书

请求书是由申请人填写的由国家知识产权局印制的统一表格。请求书有 3 种：发明专利请求书、实用新型专利请求书、外观设计专利请求书。下面以"发明专利请求书"为例逐栏说明，其中也包括实用新型专利请求书和外观设计请求书的内容。

（1）　第①、②、③、④、⑤、⑥栏：　由国家知识产权局填写

（2）　第⑦栏：　发明名称（或实用新型名称、使用外观设计的产品名称）

发明专利请求书

① 请求书中的发明创造名称应当与说明书以及其他各种申请文件中的发明创造名称一致。

② 发明或实用新型名称应当简短、准确地表明发明专利申请要求保护的主题和类型，一般不得超过 25 个字。特殊情况下，例如，化学领域的某些发明，可以允许最多到 40 个字。

③ 发明创造（发明、实用新型、外观设计）的名称中不得含有非技术词语，例如人名、单位名称、商标、代号、型号等；也不得含有含糊的词语，例如"及其他"、"及其类似物"等。

发明名称也不得仅使用笼统的词语，致使未给出任何发明信息，例如仅用"方法"、"装置"、"组合物"、"化合物"等词作为发明名称。

④ 外观设计的名称，应当具体、明确地反映该产品所属的类别。一般不超过 20 个字。使用外观设计的产品名称通常应当避免以下情形：a. 含有人名、地名、国名、单位名称、商标、代号、型号或以历史时代命名的产品名称；b. 概括不当、过于抽象的名称，例如"文具"、"炊具"、"建筑用物品"等；c. 描述

技术效果、内部构造的名称，例如"节油发动机"、"装有新型发动机的汽车"等；d. 附有产品规格、大小、规模、数量单位的名称，例如"21 英寸电视机"、"一副手套"等；e. 以外国文字或无确定中文意义的文字命名的名称，例如"克莱斯酒瓶"，但已经众所周知并且含义确定的文字可以使用，例如"DVD 播放机"、"LED 灯"、"USB 集线器"等。

（3）第⑧栏：发明人〔见 1.3.1(1)〕

① 真实姓名。发明人应当使用本人真实姓名，不得使用笔名或者其他非正式的姓名。

② 多个发明人。多个发明人的，应当自左向右顺序填写。多个发明人的，如果排列次序有先后的，应当用阿拉伯数字注明顺序，否则国家知识产权局将按先左后右、再自上而下次序排列。不符合规定的，审查员应当发出补正通知书。

③ 改正发明人姓名。申请人改正请求书中所填写的发明人姓名的，应当提交补正书、当事人的声明及相应的证明文件。

④ 发明人死亡。发明权不能继承、转让，发明人死亡的，仍应注明原发明人姓名，但是可以注明死亡，例如："某某某（死亡）"。

⑤ 不公布发明人姓名。发明人可以请求专利局不公布其姓名。要求不公布姓名的，应当在本栏填写"本人请求不公布姓名"。如果发明人中有人愿意公布姓名，有人不愿意时，将愿意公布姓名的填入本栏，在其后填上"其他人请求不公布姓名"。

不公布姓名的请求提出之后，经审查认为符合规定的，专利局在专利公报、专利申请单行本、专利单行本以及专利证书中均不公布其姓名，并在相应位置注明"请求不公布姓名"字样，发明人也不得再请求重新公布其姓名。

提出专利申请后请求不公布发明人姓名的，应当提交由发明人签字或者盖章的书面声明，但是专利申请进入公布准备后才提出该请求的，视为未提出请求，审查员应当发出视为未提出通知书。

⑥ 外国发明人中文译名。外国发明人中文译名中可以使用外文缩写字母，姓和名之间用圆点分开，圆点置于中间位置，例如 M·琼斯。

（4）第⑨栏：第一发明人国籍、居民身份证号码

请如实填写。

（5）第⑩栏：申请人

① 姓名或名称。申请人可以是自然人，也可以是单位。职务发明，申请专

利的权利属于单位；非职务发明，申请专利的权利属于发明人。

② 申请人是单位。申请人是单位的，应当使用正式全称，不得使用缩写或者简称。请求书中填写的单位名称应当与所使用的公章上的单位名称一致。不符合规定的，审查员应当发出补正通知书。申请人改正请求书中所填写的姓名或者名称的，应当提交补正书、当事人的声明及相应的证明文件。

③ 申请人是自然人。申请人是自然人的（可以是多个个人），应当写明申请人的真实姓名，不能用笔名或者化名，也不能含有学位、头衔等不属于人名的部分。外国人姓名的中文译名可以使用外文缩写字母，姓和名之间用圆点分开，圆点置于中间位置，例如 M·琼斯。姓名中不应当含有学位、职务等称号，例如××博士、××教授等。

④ 国籍或注册国家（地区）。可以用国家或地区全程，也可以用简称，例如：中华人民共和国或中国。

⑤ 详细地址。申请人的地址应当写明省、市以及邮件可以迅速送达的详细地址（包括邮政编码）。一般不能用单位名称代替地址，例如：不允许以"××学院"作为地址。一个地址内有多个单位的，除写明地址外还应写明单位名称。

⑥ 多个申请人。有多个申请人的，应当如实填写，申请人一栏不够用时，应当使用附页。

⑦ 电话、电子邮箱。为了便于国家知识产权局联系到申请人，可以填写申请人电话、电子邮箱。

（6）第⑪栏：联系人

① 申请人是单位且未委托专利代理机构。申请人是单位且未委托专利代理机构的，应当填写联系人，联系人是代替该单位接收专利局所发信函的收件人。联系人应当是本单位的工作人员，必要时审查员可以要求申请人出具证明。

② 申请人为个人且需由他人代收专利局所发信函。申请人为个人且需由他人代收专利局所发信函的，也可以填写联系人。联系人只能填写一人。填写联系人的，还需要同时填写联系人的通信地址、邮政编码和电话号码。

③ 申请人委托或未委托专利代理机构。若申请人未委托专利代理机构，指定了联系人的，国家知识产权局的各种文件将送交指明的联系人。委托专利代理机构的，可以不指定联系人。

（7）第⑫栏：代表人

在专利审批程序中，国家知识产权局一般只与代表人联系，代表人应当将国家知识产权局的文件或将其复印件转送其他申请人。

① 第一署名申请人。申请人有两人以上且未委托专利代理机构的，如果在本栏内没有申明，则以第一署名申请人为代表人。请求书中另有声明的，所声明的代表人应当是申请人之一。

② 直接涉及共有权利的手续。除直接涉及共有权利的手续外，代表人可以代表全体申请人办理在专利局的其他手续。"直接涉及共有权利的手续"包括：提出专利申请，委托专利代理，转让专利申请权、优先权或者专利权，撤回专利申请，撤回优先权要求，放弃专利权等。

直接涉及共有权利的手续应当由全体权利人签字或者盖章。

（8）　第⑬栏：　专利代理机构

只有委托专利代理机构办理的，才需要填写本栏目。

① 专利代理机构。专利代理机构的名称应当使用其在国家知识产权局登记的全称，并且要与加盖在申请文件中的专利代理机构公章上的名称一致，不得使用简称或者缩写。请求书中还应当填写国家知识产权局给予该专利代理机构的机构代码。

② 专利代理人。在请求书中，专利代理人应当使用其真实姓名，同时填写专利代理人执业证号码和联系电话。一件专利申请的专利代理人不得超过 2 人。

（9）　第⑭栏：　分案申请（见 2.2.2.2 小节）

① 原申请号。提出分案申请的应当在本栏内填明原申请的申请号。

② 国际申请号。如果原申请是国际申请的，申请人还应当在所填写的原申请的申请号后的括号内注明国际申请号。

③ 分案申请号。对于已提出过分案申请，申请人需要针对该分案申请再次提出分案申请的，还应当填写所对应的分案申请号。

④ 原案申请日。提出分案申请的应当在本栏内填明原案申请的申请日。原申请的申请日即为分案申请的申请日。申请日填写有误，补正符合规定的，审查员发出重新确定申请日通知书。

分案申请享有原申请（第一次提出的申请）的申请日，如果原申请有优先权要求的，分案申请可以保留原申请的优先权日。

⑤ 上述填写不符合规定的，审查员发出补正通知书，通知申请人补正。期满未补正的，审查员发出视为撤回通知书。

（10）第⑮栏：**生物材料样品**

本栏只有发明专利请求书才有。当发明涉及生物材料样品并且需要对生物材料样品进行保藏时，才需要填写本栏。

① 保藏单位。保藏单位应当是国家知识产权局认可的生物材料样品国际保藏单位，不符合规定的，审查员应当发出生物材料样品视为未保藏通知书。

② 保藏日期。保藏日期应当在申请日之前或者在申请日（有优先权的，指优先权日）当天。不符合规定的，审查员应当发出生物材料样品视为未保藏通知书。

③ 保藏编号。申请人在上述单位保藏生物材料以后，可以获得保藏编号。申请人如果因为提交菌种保藏的手续是在申请日办理的，因而无法将保藏编号填入请求书中时，可以在请求书上先填上保藏单位和保藏日期，然后在 4 个月之内以书面补正形式提交保藏编号。在规定期限内未提交保藏编号的，视为未提交保藏。

④ 分类命名。分类命名注明拉丁文名称。

⑤ 生物材料存活证明。涉及生物样品并需要保藏的专利申请，除需要在请求书中填明保藏单位、地址、保藏日期、保藏编号和分类名称，还要在自申请日起 4 个月内，提交保藏单位的保藏证明和生物材料存活证明。申请人未提交生物材料存活证明，又没有说明未能提交该证明的正当理由的，该生物材料样品视为未提交保藏。

（11）第⑯栏：**序列表**

涉及核苷酸或氨基酸序列表的，应当勾选此栏。

（12）第⑰栏：**遗传资源**

发明创造是依赖于遗传资源完成的，应当勾选此栏。还应填写"遗传资源来源披露登记表"，写明该遗传资源的直接来源和原始来源。对于未说明原始来源的，应当陈述理由。对于不符合规定的，审查员将发出补正通知书，通知申请人补正。期满未补正的，该申请将被视为撤回。补正后仍不符合规定的，该申请被驳回。

（13）第⑱栏：**要求优先权声明（见 1.4.1 优先权）**

申请人要求优先权的，应当在申请的时候提出书面声明，未提出书面声明视为未要求优先权。

① 原受理机构名称。写明作为优先权基础的在先申请的受理国或受理局（《巴黎公约》成员组成的国际组织专利主管机构，例如欧洲专利局）。

受理国或受理局可以用国家或局的简称填写，例如中国、欧洲专利局；也可以用国际标准国别代码填写，例如 CN、EP。要求本国优先权的，不得省略受理国名称，不得填写成"我国"，而应当填写"中国"或"CN"。

② 在先申请日。由在先申请的受理局确定的在先申请的申请日。申请日应当用阿拉伯数字按照年、月、日顺序填写，例如 2015-10-9。

③ 在先申请号。由在先申请的受理局确定的在先申请的申请号。申请号应当用按照在线申请的受理国或受理局给予的形式填写。

> 注意：① 要求多项优先权。要求多项优先权的，应当填明每一项在先申请的受理国（局）、申请日和申请号。
>
> 要求多项优先权而在声明中未写明或者错一项或者两项内容，而申请人已在规定的期限内提交了该在先申请文件副本的，审查员发出办理手续补正通知书，期满未答复或者补正后仍不符合规定的，视为未要求该项优先权，审查员应当发出视为未要求优先权通知书。
>
> 要求多项优先权的，以最早的在先申请的申请日为时间判断基准，即要求优先权的在后申请的申请日是在最早的在先申请的申请日起 12 个月内提出的。
>
> ② 优先权要求费。要求优先权的，申请人应当在申请日起 2 个月内或收到受理通知书之日起 15 日内，按照要求优先权的项数缴纳优先权要求费。期满未缴纳或者未缴足的，视为未要求优先权。

（14）第⑲栏：　不丧失新颖性宽限期声明

□已在中国政府主办或者承认的国际展览会上首次展出的；

□已在规定的学术会议或者技术会议上首次发表的；

□他人未经申请人同意而泄露其内容的。

有上述情况的应当在"□"中打钩。如果申请时没有勾选，以后不允许补交声明。

① 期限。提出上述声明的，应当自申请日期 2 个月内提交证明材料。

② 证明材料。国际展览会的证明材料，应当由展览会主办单位出具。证明材料中应当注明展览会展出日期、地点、展览会的名称以及该发明创造展出的日

期、形式和内容，并加盖公章。

学术会议和技术会议的证明材料，应当由国务院有关主管部门或者组织会议的全国性学术团体出具。证明材料中应当注明会议召开的日期、地点、会议的名称以及该发明创造发表的日期、形式和内容，并加盖公章。

> 注意：尽管有对新颖性的这种宽限规定，但是申请专利以前公开发明创造内容，对发明人、申请人进行专利保护还是很不利的。申请人应当尽量避免在申请以前公开发明创造内容。

（15）　第⑳栏：　保密请求（见 2.6 需要保密的专利申请）

申请人认为其发明或者实用新型专利申请涉及国防利益以外的国家安全或者重大利益需要保密的，应当在提出专利申请的同时（申请人也可以在发明专利申请进入公布准备之前，或者实用新型专利申请进入授权公告准备之前），在请求书上勾选"□"，并提交有关部门确定密级的相关文件。申请文件应当以纸件形式提交。

（16）　第㉑栏：　声明本申请人对同样的发明创造在申请本发明专利的同日申请了实用新型专利

① 申请人同日对同样的发明创造既申请发明专利，又申请实用新型专利的，应当填写此栏。

若没有勾选"□"，依照同样的发明创造只能授予一项专利权（禁止重复授权原则），即无法通过放弃先获得的且尚未终止的实用新型专利权来获得该发明的专利权。

同一申请人同日对同样的发明创造既申请实用新型专利又申请发明专利，先获得的实用新型专利权尚未终止，且申请人声明放弃该实用新型专利权的，可以授予发明专利权。

② 提出此声明的时间。该声明只有在申请的同时提出，不能在申请之后提出。

③ 无需提交单独的声明。提出此声明时只需勾选"□"，不需要提交单独的声明。

（17）　第㉒栏：　请求早日公布该专利申请（见 3.1.3 发明专利申请公布阶段）

申请人要求提前公布的，应当勾选"□"。若勾选"□"，则不需要再单独提

交 "发明专利请求提前公布声明"。

（18） 第㉓、 ㉔栏： 申请文件清单、 附加文件清单

① 申请人提交的文件或附件，清单上未列出的，可以补写在后面。

② 文件提交情况以"专利申请受理通知书"上的文件核实情况为准。

③ 当申请涉及核苷酸或氨基酸序列表时，除在申请文件的说明书中有该表之外，申请人应当在申请的同时提交与该序列表相一致的计算机可读形式的副本，如提交记载有该序列表的符合规定的光盘或者软盘。

（19） 第㉕栏： 全体申请人或专利代理机构签字或盖章

① 申请人是个人。申请人是个人的，应当由申请人亲自签字或盖章。多个申请人的，应当由全体申请人签字或盖章。

② 申请人是单位。申请人是单位的，应当加盖公章。

③ 委托专利代理机构的。委托专利代理机构的，应当由专利代理机构加盖印章，并同时提交全体申请人签字或盖章的规定格式的专利代理委托书。

> 注意事项： 盖章应当与请求书中填写的申请人或专利代理机构的姓名或名称一致， 并且应当清楚， 不得复印， 不得代签。

（20） 当专利请求书的发明人、 申请人、 要求优先权的内容填写不下时， 应当使用规定格式的附页续写

2.3.2 说明书摘要

摘要是发明或实用新型说明书内容的简要概括。

（1） 4个"不"

摘要**不**具有法律效力，摘要是说明书记载内容的概述，它仅是一种技术信息。摘要的内容**不**属于发明或者实用新型原始记载的内容，**不**能作为以后修改说明书或者权利要求书的根据，也**不**能用来解释专利权的保护范围。

（2） 摘要应当满足的要求

① 摘要应当写明发明或者实用新型的名称和所属技术领域，并清楚地反映所要解决的技术问题、解决该问题的技术方案的要点以及主要用途，其中以技术

方案为主；摘要可以包含最能说明发明的化学式。

② 有附图的专利申请，应当提供或者由审查员指定一幅最能反映该发明或者实用新型技术方案的主要技术特征的附图作为摘要附图，该摘要附图应当是说明书附图中的一幅。

③ 摘要附图的大小及清晰度应当保证在该图缩小到 4cm×6cm 时，仍能清楚地分辨出图中的各个细节。

④ 摘要文字部分（包括标点符号）不得超过 300 个字，并且不得使用商业性宣传用语。

⑤ 摘要文字部分出现的附图标记应当加括号。

（3）摘要附图

摘要附图应当是说明书附图中最能说明发明或者实用新型技术方案的一副附图。

2.3.3 说明书

2.3.3.1 说明书的实质要求

说明书应当对发明或者实用新型作出清楚、完整的说明，以所属技术领域的技术人员能够实现为准；必要的时候，应当有附图。也就是说，说明书应当满足充分公开发明或者实用新型的要求。

① 说明书披露的技术内容应当达到所属技术领域的技术人员能够实现的程度，满足充分公开的要求。

② 清楚。主题明确；表述准确。

a. 主题明确。说明书应当写明发明或者实用新型所要解决的技术问题以及解决其技术问题采用的技术方案，并对照现有技术写明发明或者实用新型的有益效果。

b. 表述准确。说明书应当使用发明或者实用新型所属技术领域的技术术语。说明书的表述应当准确地表达发明或者实用新型的技术内容，不得含糊不清或者模棱两可，以致所属技术领域的技术人员不能清楚、正确地理解该发明或者实用新型。

③ 完整。完整是指说明书应当包括有关理解、实现发明或者实用新型所需的全部技术内容。

④ 能够实现。所属技术领域的技术人员"能够实现",是指所属技术领域的技术人员按照说明书记载的内容,能够实现该发明或实用新型的技术方案,解决其技术问题,并且产生预期的技术效果。

2.3.3.2 说明书的组成部分和顺序

发明或者实用新型专利申请的说明书应当写明发明或者实用新型的名称,该名称应当与请求书中的名称一致。说明书应当包括以下组成部分:技术领域;背景技术;发明或者实用新型内容;附图说明;具体实施方式。

发明或者实用新型专利申请人应当按照上述规定的方式和顺序撰写说明书,并在说明书每一部分前面写明标题,除非其发明或者实用新型的性质用其他方式或者顺序撰写能节约说明书的篇幅并使他人能够准确理解其发明或者实用新型。说明书附图(如果有附图)放在最后。

> 注意: ①发明专利申请包含一个或者多个核苷酸或者氨基酸序列的, 说明书应当包括符合国务院专利行政部门规定的序列表。 申请人应当将该序列表作为说明书的一个单独部分提交, 并按照国务院专利行政部门的规定提交该序列表的计算机可读形式的副本。
>
> ② 实用新型专利申请说明书必须有表示要求保护的产品的形状、 构造或者其结合的附图。

(1) 发明或实用新型的名称

① 必须与请求书中的名称一致,字数一般不得超过 25 个字,最多 40 个字(如化学领域);

② 应当清楚、简要、全面地反映要求保护的主题和类型;

③ 应当采用所属技术领域通用的技术术语,不能采用自造词;

④ 不得使用人名、地名、商标、型号、商品名称、商业性宣传用语;

⑤ 写在说明书首页正文的上方居中位置。发明名称与说明书正文之间应当空一行。

(2) 技术领域

用一句话说明要求保护的技术方案所属或直接应用的技术领域,而不是上位的或者相邻的技术领域,也不是发明或者实用新型本身。该具体的技术领域往往与发明或者实用新型在国际专利分类表(IPC)中可能分入的最低位置有关。

例如，一项关于挖掘机悬臂的发明，其改进之处是将背景技术中的长方形悬臂截面改为椭圆形截面。其所属技术领域可以写成"本发明涉及一种挖掘机，特别是涉及一种挖掘机悬臂"（具体的技术领域），而不宜写成"本发明涉及一种建筑机械"（上位的技术领域），也不宜写成"本发明涉及挖掘机悬臂的椭圆形截面"或者"本发明涉及一种截面为椭圆形的挖掘机悬臂"（发明本身）。

（3） 背景技术

发明或者实用新型说明书的背景技术部分应当写明对发明或者实用新型的理解、检索、审查有用的背景技术，并且尽可能引证反映这些背景技术的文件。

通常对背景技术的描述应包括 3 方面内容：

① 最接近的现有技术文件。尤其要引证包含发明或者实用新型权利要求书中的独立权利要求前序部分技术特征的现有技术文件，即引证与发明或者实用新型专利申请最接近的现有技术文件。

② 引证文件。说明书中引证的文件可以是专利文件，也可以是非专利文件，例如期刊、手册和书籍等。引证专利文件的，至少要写明专利文件的国别、公开号，最好包括公开日期；引证非专利文件的，要写明这些文件的标题和详细出处。

③ 客观地指出背景技术中存在的问题和缺点。在说明书背景技术部分中，还要客观地指出背景技术中存在的问题和缺点，但是，仅限于涉及由发明或者实用新型的技术方案所解决的问题和缺点。在可能的情况下，说明存在这种问题和缺点的原因以及解决这些问题时曾经遇到的困难。

（4） 发明或者实用新型内容

本部分应当清楚、客观地写明以下 3 方面内容。

① 要解决的技术问题。发明或者实用新型所要解决的技术问题，是指发明或者实用新型要解决的现有技术中存在的技术问题。发明或者实用新型所要解决的技术问题应当按照下列要求撰写：针对现有技术中存在的缺陷或不足；用正面的、尽可能简洁的语言客观而有根据地反映发明或者实用新型要解决的技术问题，也可以进一步说明其技术效果。

一件专利申请的说明书可以列出发明或者实用新型所要解决的一个或者多个

技术问题，但是同时应当在说明书中描述解决这些技术问题的技术方案。当一件申请包含多项发明或者实用新型时，说明书中列出的多个要解决的技术问题应当都与一个总的发明构思相关。

② 技术方案。一件发明或者实用新型专利申请的核心是其在说明书中记载的技术方案。在技术方案这一部分，至少应反映包含全部必要技术特征的独立权利要求的技术方案，还可以给出包含其他附加技术特征的进一步改进的技术方案。

说明书中记载的这些技术方案应当与权利要求所限定的相应技术方案的表述相一致。一般情况下，说明书技术方案部分首先应当写明独立权利要求的技术方案，其用语应当与独立权利要求的用语相应或者相同，以发明或者实用新型必要技术特征总和的形式阐明其实质，必要时，说明必要技术特征总和与发明或者实用新型效果之间的关系。然后，可以通过对该发明或者实用新型的附加技术特征的描述，反映对其作进一步改进的从属权利要求的技术方案。

如果一件申请中有几项发明或者几项实用新型，应当说明每项发明或者实用新型的技术方案。

③ 有益效果。有益效果是指由构成发明或者实用新型的技术特征直接带来的，或者是由所述的技术特征必然产生的技术效果。有益效果是确定发明是否具有"显著的进步"，实用新型是否具有"进步"的重要依据。说明：创造性，是指与现有技术相比，该发明具有突出的实质性特点和"显著的进步"，该实用新型具有实质性特点和"进步"。

有益效果的撰写方式：有益效果可以通过对发明或者实用新型结构特点的分析和理论说明相结合，或者通过列出实验数据的方式予以说明；或者采用上述方式的组合。无论采用哪种方式，都不得只断言发明或者实用新型具有有益的效果，都应当与现有技术进行比较，指出发明或者实用新型与现有技术的区别。

通常，有益效果可以由产率、质量、精度和效率的提高，能耗、原材料、工序的节省，加工、操作、控制、使用的简便，环境污染的治理或者根治，以及有用性能的出现等方面反映出来。

机械、电气领域中的发明或者实用新型的有益效果，在某些情况下，可以结合发明或者实用新型的结构特征和作用方式进行说明。但是，化学领域中的发明，在大多数情况下，不适于用这种方式说明发明的有益效果，而是借助于实验数据来说明。

对于目前尚无可取的测量方法而不得不依赖于人的感官判断的，例如味道、气味等，可以采用统计方法表示的实验结果来说明有益效果。在引用实验数据说明有益效果时，应当给出必要的实验条件和方法。

（5）附图说明。

发明说明书根据内容需要，可以有附图，也可以没有附图。实用新型说明书必须有附图。附图和说明书中对附图的说明要图文相符。文中提出附图，而实际上却没有提交或少交附图的，将可能影响申请日。

① 说明书中写有对附图的说明但无附图或者缺少部分附图的，申请人应当在国务院专利行政部门指定的期限内补交附图或者声明取消对附图的说明。申请人补交附图的，以向国务院专利行政部门提交或者邮寄附图之日为申请日；取消对附图的说明的，保留原申请日。

② 说明书有附图的，应当写明各幅附图的图名，并且对图示的内容作简要说明。在零部件较多的情况下，允许用列表的方式对附图中具体零部件名称列表说明。

③ 附图不止一幅的，应当对所有附图作出图面说明。例如，一件发明名称为"燃煤锅炉节能装置"的专利申请，其说明书包括四幅附图，这些附图的图面说明如下：

图 1 是燃煤锅炉节能装置的主视图；

图 2 是图 1 所示节能装置的侧视图；

图 3 是图 2 中的 A 向视图；

图 4 是沿图 1 中 B—B 线的剖视图。

（6）具体实施方式

① 说明书是否充分公开的判断范围

具体实施方式对于充分公开、理解和实现发明或者实用新型，支持和解释权利要求都是极为重要的，但是"说明书是否充分公开"发明，要从说明书的整体内容来判断，而不仅仅依据具体实施方式的内容。《实施细则》第五十三条发明专利申请经实质审查应当予以驳回的情形包括：说明书是否充分公开。需要注意的是，在实质审查中，当说明书因公开不充分而不符合《专利法》第二十六条第三款的规定时，属于《实施细则》第五十三条规定的应当予以驳回的情形；若仅仅存在不满足《实施细则》第十七条要求的缺陷，则不属于可以根据《实施细则》第五十三条规定予以驳回的情形。如果说明书中存在用词不规范、语句不清楚缺陷并不导致发明不可实现，那么该情形属于《实施细则》第十七条所述的缺陷，审查员不应当据此驳回该申请。此外，《实施细则》第五十三条规定的应当予以驳回的情形中不包括说明书摘要不满足要求的情形。

说明书应当详细描述申请人认为实现发明或者实用新型的优选的具体实施方式。在适当情况下，应当举例说明；有附图的，应当对照附图进行说明。优选的具体实施方式应当体现申请中解决技术问题所采用的技术方案，并应当对权利要求的技术特征给予详细说明，以支持权利要求。对优选的具体实施方式的描述应当详细，使发明或者实用新型所属技术领域的技术人员能够实现该发明或者实用新型。

② 实施例

实施例是对发明或者实用新型的优选的具体实施方式的举例说明。实施例的数量应当根据发明或者实用新型的性质、所属技术领域、现有技术状况以及要求保护的范围来确定。

当一个实施例足以支持权利要求所概括的技术方案时，说明书中可以只给出一个实施例。当权利要求（尤其是独立权利要求）覆盖的保护范围较宽，其概括不能从一个实施例中找到依据时，应当给出至少两个不同实施例，以支持要求保护的范围。当权利要求相对于背景技术的改进涉及数值范围时，通常应给出两端值附近（最好是两端值）的实施例，当数值范围较宽时，还应当给出至少一个中间值的实施例。

在发明或者实用新型技术方案比较简单的情况下，如果说明书涉及技术方案的部分已经就发明或者实用新型专利申请所要求保护的主题作出了清楚、完整的说明，说明书就不必在涉及具体实施方式部分再作重复说明。

③ 产品的发明或者实用新型的实施方式或者实施例

对于产品的发明或者实用新型，实施方式或者实施例应当描述产品的机械构成、电路构成或者化学成分，说明组成产品的各部分之间的相互关系。对于可动作的产品，只描述其构成不能使所属技术领域的技术人员理解和实现发明或者实用新型时，还应当说明其动作过程或者操作步骤。

④ 对于方法的发明的实施方式或者实施例

对于方法的发明，应当写明其步骤，包括可以用不同的参数或者参数范围表示的工艺条件。

⑤ 具体实施方式应当足够详细描述什么？

在具体实施方式部分，对最接近的现有技术或者发明或实用新型与最接近的现有技术共有的技术特征，一般来说可以不作详细的描述，但对发明或者实用新型区别于现有技术的技术特征以及从属权利要求中的附加技术特征应当足够详细地描述，以所属技术领域的技术人员能够实现该技术方案为准。应当注意的是，为了方便专利审查，也为了帮助公众更直接地理解发明或者实用新型，对于那些就满足《专利法》第二十六条第三款的要求而言必不可少的内容，不能采用引证其他文件的方式撰写，而应当将其具体内容写入说明书。

⑥ 对照附图描述优选的具体实施方式时注意的问题

对照附图描述发明或者实用新型的优选的具体实施方式时，使用的附图标记或者符号应当与附图中所示的一致，并放在相应的技术名称的后面，不加括号。例如，对涉及电路连接的说明，可以写成"电阻 3 通过三极管 4 的集电极与电容 5 相连接"，不得写成"3 通过 4 与 5 连接"。

2.3.3.3 说明书的一般要求

① 说明书中要保持用词一致。要使用该技术领域通用的名词或术语，不要使用行话，但以其特定意义作为定义适用的，不在此限。

② 说明书应当使用国家法定计量单位，包括国际单位制计量单位和国家选定的其他计量单位。必要时可以在括号内同时标注本领域公知的其他计量单位。

③ 说明书中可以有化学式、数学式，但不能有插图，说明书的附图应当附在说明书的后面。

④ 在说明书的题目和正文中，不得使用商业性宣传用语，例如"最新式的……""世界名牌……"；不能使用不确切的语言，例如"相当轻的……""……左右"等；不允许使用以地点、人名等命名的名称，例如"×××式工具"；商标、产品广告、服务标志等也不允许在说明书中出现。

⑤ 说明书中不允许存在对他人或他人的发明创造加以诽谤或有意贬低的内容。

⑥ 涉及外文技术文献或无统一译名的技术名词时要在译名后注明原文。

发明或者实用新型说明书应当用词规范、语句清楚，并不得使用"如权利要求……所述的……"一类的引用语，也不得使用商业性宣传用语。

2.3.3.4 说明书附图的要求

① 说明书附图应当使用包括计算机在内的制图工具和黑色墨水绘制，线条应当均匀清晰、足够深，不得着色和涂改，不得使用工程蓝图。

② 剖面图中的剖面线不得妨碍附图标记线和主线条的清楚识别。

③ 几幅附图可以绘制在一张图纸上。一幅总体图可以绘制在几张图纸上，但应当保证每一张上的图都是独立的，而且当全部图纸组合起来构成一幅完整总体图时又不互相影响其清晰程度。附图的周围不得有与图无关的框线。附图总数在两幅以上的，应当使用阿拉伯数字顺序编号，并在编号前冠以"图"字，例如图 1、图 2。该编号应当标注在相应附图的正下方。

④ 附图应当尽量竖向绘制在图纸上，彼此明显分开。当零件横向尺寸明显大于竖向尺寸必须水平布置时，应当将附图的顶部置于图纸的左边。一页图纸上有两幅以上的附图，且有一幅已经水平布置时，该页上其他附图也应当水平布置。

⑤ 附图标记应当使用阿拉伯数字编号。说明书文字部分中未提及的附图标记不得在附图中出现，附图中未出现的附图标记不得在说明书文字部分中提及。申请文件中表示同一组成部分的附图标记应当一致。

⑥ 附图的大小及清晰度，应当保证在该图缩小到三分之二时仍能清晰地分辨出图中各个细节，以能够满足复印、扫描的要求为准。

⑦ 同一附图中应当采用相同比例绘制，为使其中某一组成部分清楚显示，可以另外增加一幅局部放大图。附图中除必需的词语外，不得含有其他注释。附图中的词语应当使用中文，必要时，可以在其后的括号里注明原文。

⑧ 流程图、框图应当作为附图，并应当在其框内给出必要的文字和符号。一般不得使用照片作为附图，但特殊情况下，例如，显示金相结构、组织细胞或者电泳图谱时，可以使用照片贴在图纸上作为附图。

⑨ 说明书附图应当用阿拉伯数字顺序编写页码。

2.3.4　权利要求书

权利要求书应当以说明书为依据，清楚、简要地限定要求专利保护的范围。权利要求书应当记载发明或者实用新型的技术特征。

（1）发明或者实用新型专利权的保护范围

发明或者实用新型专利权的保护范围以其权利要求的内容为准，说明书及附图可以用于解释权利要求的内容。

（2）权利要求的类型

① 按照保护对象的不同，权利要求可划分为：产品权利要求（产品、设备）

和方法权利要求（方法、用途）。

发明和实用新型专利权被授予后，除《专利法》另有规定的以外，任何单位或者个人未经专利权人许可，都不得实施其专利，即不得为生产经营目的制造、使用、许诺销售、销售、进口其专利产品，或者使用其专利方法以及使用、许诺销售、销售、进口依照该专利方法直接获得的产品。

② 从撰写形式上，权利要求可划分为：独立权利要求和从属权利要求。

2.3.4.1　独立权利要求和从属权利要求

一份权利要求书中应当至少包括一项独立权利要求，还可以包括从属权利要求。

（1）独立权利要求

独立权利要求应当从整体上反映发明或者实用新型的技术方案，记载解决技术问题的必要技术特征。必要技术特征是指，发明或者实用新型为解决其技术问题所不可缺少的技术特征，其总和足以构成发明或者实用新型的技术方案，使之区别于背景技术中所述的其他技术方案。

① 并列独立权利要求。一件专利申请的权利要求书中，应当至少有一项独立权利要求。当有两项或者两项以上独立权利要求时，写在最前面的独立权利要求被称为第一独立权利要求，其他独立权利要求称为并列独立权利要求。

有时并列独立权利要求也引用在前的独立权利要求，例如"一种实施权利要求1的方法和装置，……"这种引用其他独立权利要求的权利要求是并列的独立权利要求，而不能被看作是从属权利要求。

② 形式上的从属权利要求实质上不一定是从属权利要求。在某些情况下，形式上的从属权利要求（即其包含有从属权利要求的引用部分），实质上不一定是从属权利要求。例如，独立权利要求1为："包括特征 X 的机床"。在后的另一项权利要求为："根据权利要求1所述的机床，其特征在于用特征 Y 代替特征 X"。在这种情况下，后一权利要求也是独立权利要求。

（2）从属权利要求

从属权利要求是包含了另一项同类型权利要求中的所有技术特征，且对该另一项权利要求的技术方案作了进一步的限定。由于从属权利要求用附加的技术特征对所引用的权利要求作了进一步的限定，所以其保护范围落在其所引用的权利要求的保护范围之内。

从属权利要求中的附加技术特征，可以是对所引用的权利要求的技术特征作进一步限定的技术特征，也可以是增加的技术特征。

2.3.4.2　权利要求的撰写规定

① 权利要求书有几项权利要求的，应当用阿拉伯数字顺序编号，编号前不得冠以"权利要求"或者"权项"等词。

② 每一项权利要求只允许在其结尾处使用句号。通常，一项权利要求用一个自然段表述。但是当技术特征较多，内容和相互关系较复杂，借助于标点符号难以将其关系表达清楚时，一项权利要求也可以用分行或者分小段的方式描述，各段之间不得使用句号。

③ 权利要求中可以有化学式或者数学式，必要时也可以有表格，但不得有插图。

④ 使用的科技术语在权利要求和说明书中保持一致。除绝对必要外，权利要求中不得使用"如说明书……部分所述"或者"如图……所示"等类似用语。

⑤ 权利要求中的技术特征可以引用说明书附图中相应的标记，以帮助理解权利要求所记载的技术方案。但是，这些标记应当用括号括起来，放在相应的技术特征后面。附图标记不得解释为对权利要求保护范围的限制。

⑥ 通常，权利要求中包含有数值范围的，其数值范围尽量以数学方式表达，例如，"$\geqslant 30$℃"、">5"等。通常，"大于"、"小于"、"超过"等理解为不包括本数；"以上"、"以下"、"以内"等理解为包括本数。

⑦ 开放式的权利要求和封闭式的权利要求。开放式的权利要求宜采用"包含"、"包括"、"主要由……组成"的表达方式，其解释为还可以含有该权利要求中没有述及的结构组成部分或方法步骤；封闭式的权利要求宜采用"由……组成"的表达方式，其一般解释为不含有该权利要求所述以外的结构组成部分或方法步骤。

（1）独立权利要求的撰写规定

发明或者实用新型的独立权利要求应当包括前序部分和特征部分，按照下列规定撰写：

① 前序部分。写明要求保护的发明或者实用新型技术方案的主题名称和发明或者实用新型主题与最接近的现有技术共有的必要技术特征。

独立权利要求的前序部分中，除写明要求保护的发明或者实用新型技术方案的主题名称外，仅需写明那些与发明或实用新型技术方案密切相关的、共有的必要技术特征。例如，一项涉及照相机的发明，该发明的实质在于照相机布帘式快门的改进，其权利要求的前序部分只要写出"一种照相机，包括布帘式快门……"就可以了，不需要将其他共有特征，例如透镜和取景窗等照相机零部件都写在前序部分中。

② 特征部分。使用"其特征是……"或者类似的用语，写明发明或者实用新型区别于最接近的现有技术的技术特征，这些特征和前序部分写明的特征合在一起，限定发明或者实用新型要求保护的范围。

独立权利要求的特征部分，应当记载发明或者实用新型的必要技术特征中与最接近的现有技术不同的区别技术特征，这些区别技术特征与前序部分中的技术特征一起，构成发明或者实用新型的全部必要技术特征，限定独立权利要求的保护范围。

发明或者实用新型的性质不适于用上述方式撰写的，独立权利要求也可以不分前序部分和特征部分。

（2） 从属权利要求的撰写规定

发明或者实用新型的从属权利要求应当包括引用部分和限定部分，按照下列规定撰写。

① 引用部分。写明引用的权利要求的编号及其主题名称。例如，一项从属权利要求的引用部分应当写成："根据权利要求 1 所述的金属纤维拉拔装置……"。

② 限定部分。写明发明或者实用新型附加的技术特征。a. 从属权利要求只能引用在前的权利要求；b. 直接或间接从属于某一项独立权利要求的所有从属权利要求都应当写在该独立权利要求之后，另一项独立权利要求之前。

多项从属权利要求的撰写规定：多项从属权利要求是指引用两项以上权利要求的从属权利要求，多项从属权利要求只能以"择一"方式引用在前的权利要求。例如，某申请的权利要求为：

1. 一种 A 装置……。

2. 根据权利要求 1 所属的 A 装置……。

3. 根据权利要求 1 或 2 所述的 A 装置……。

其中权利要求 3 为多项从属权利要求。此时权利要求 3 只能采用"根据权利要求 1 或权利要求 2……"这样择一方式引用，而不能采用"根据权利要求 1 和权利要求 2……"的表达方式。且在后的多项从属权利要求不得引用在前的多项从属权利要求。

2.3.5 外观设计图片、照片

外观设计专利权被授予后，任何单位或者个人未经专利权人许可，都不得实施其专利，即不得为生产经营目的制造、许诺销售、销售、进口其外观设计专利产品。

（1）外观设计专利权的保护范围

外观设计专利权的保护范围以表示在图片或者照片中的该产品的外观设计为准，简要说明可以用于解释图片或者照片所表示的该产品的外观设计。申请人提交的有关图片或者照片应当清楚地显示要求专利保护的产品的外观设计。

（2）视图的名称及其标注和数量

申请人应当根据具体情况提交相关视图，以清楚地显示要求专利保护的产品的外观设计。

① 视图的名称。视图的名称包括：六面正投影视图（主视图、后视图、左视图、右视图、俯视图和仰视图）、立体图、展开图、剖视图、剖面图、放大图、变化状态图、参考图等。

a. 主视图：主视图所对应的面应当是使用常朝向消费者的面或者最大程度反映产品的整体设计的面。

b. 参考图：参考图通常用于表明使用外观设计的产品的用途、使用方法或者使用场所等。

② 视图的标注要求

a. 各视图的视图名称应当标注在相应视图的正下方。电子申请的视图名称应通过电子申请的客户端填写，不应直接显示在视图中。

b. 成套产品，应当在其中每件产品的视图名称前以阿拉伯数字顺序编号标注，并在编号前加"套件"字样。例如，对于成套产品中的第 4 套件的主视图，其视图名称为：套件 4 主视图。

c. 同一产品的相似外观设计，应当在每个设计的视图名称前以阿拉伯数字顺序编号标注，并在编号前加"设计"字样。例如，设计 1 主视图。

d. 组件产品，是指由多个构件相结合构成的一件产品。分为无组装关系、组装关系唯一或者组装关系不唯一的组件产品。对于组装关系唯一的组件产品，应当提交组合状态的产品视图；对于无组装关系或者组装关系不唯一的组件产品，应当提交各构件的视图，并在每个构件的视图名称前以阿拉伯数字顺序编号标注，并在编号前加"组件"字样。例如，对于组件产品中的第3组件的左视图，其视图名称为：组件3左视图。

e. 有多种变化状态的产品的外观设计，应当在其显示变化状态的视图名称后，以阿拉伯数字顺序编号标注。

③ 视图的数量

a. 立体产品的外观设计。产品设计要点涉及六个面的，应当提交六面正投影视图；产品设计要点仅涉及一个或几个面的，应当至少提交所涉及面的正投影视图和立体图，并应当在简要说明中写明省略视图的原因。

注意：对于立体产品，应当提交的足够的视图以清除显示其三维形态，申请人应当在申请时提交立体图。如果申请人补交立体图，则会因修改超范围而违反《专利法》第三十三条的规定，对外观设计专利申请文件的修改不得超出原图片或者照片表示的范围。

b. 平面产品的外观设计。产品设计要点涉及一个面的，可以仅提交该面正投影视图；产品设计要点涉及两个面的，应当提交两面正投影视图。

（3）图片的绘制

① 图片应当参照我国技术制图和机械制图国家标准中有关正投影关系、线条宽度以及剖切标记的规定绘制，并应当以粗细均匀的实线表达外观设计的形状。不得以阴影线、指示线、虚线、中心线、尺寸线、点划线等线条表达外观设计的形状。可以用两条平行的双点划线或自然断裂线表示细长物品的省略部分。图面上可以用指示线表示剖切位置和方向、放大部位、透明部位等，但不得有不必要的线条或标记。图片应当清楚地表达外观设计。

② 图片可以使用包括计算机在内的制图工具绘制，但不得使用铅笔、蜡笔、圆珠笔绘制，也不得使用蓝图、草图、油印件。

③ 对于使用计算机绘制的外观设计图片，图面分辨率应当满足清晰的要求。

（4）照片的拍摄

① 照片应当清晰，避免因对焦等原因导致产品的外观设计无法清楚地显示。

② 照片背景应当单一，避免出现该外观设计产品以外的其他内容。产品和

背景应有适当的明度差，以清楚地显示产品的外观设计。

③ 照片的拍摄通常应当遵循正投影规则，避免因透视产生的变形影响产品的外观设计的表达。

④ 照片应当避免因强光、反光、阴影、倒影等影响产品的外观设计的表达。

⑤ 照片中的产品通常应当避免包含内装物或者衬托物，但对于必须依靠内装物或者衬托物才能清楚地显示产品的外观设计时，则允许保留内装物或者衬托物。

2.4　专利申请文件的撰写

专利申请文件是准备申请专利必要的要件之一，其质量直接决定着是否能够顺利地获得专利授权。但是，申请文件的撰写还包括诸多单纯的方案写作以外的大量工作。为了提高专利文件撰写的效率和提高专利申请文件的质量，下面按照申请文件撰写需要经历的不同时间阶段，结合实践中容易出错的内容和误区较为集中的问题，分别介绍涉及各技术领域的方案都需要关注的技巧和要点，而不再冗述各个部分的规定内容和一般撰写要求。

2.4.1　申请文件撰写前的准备

这个阶段往往被申请人忽略，而直接着手基于方案开始撰写申请文件。然而，这种做法存在一定的风险，贸然地进行专利申请文件的撰写工作可能导致严重的后果，甚至是做出无用功。

（1）正确地对待专利申请及创新行为之间的区别

有些申请人将专利理解成是"申请人在被授予专利权后对发明创造享有的排他性占有权利，即国家依法在一定时期内授予发明创造者或者其权利继受者独占使用其发明创造的权利"。尽管这种认识是正确的，但其具有一定的片面性。

首先，只有技术方案才能够获得专利权。一些智力活动规则，例如，棋类的玩法、电子游戏的规则、纯粹的计算机程序指令，等等，都是无法获得专利权的保护的。这与通常所称的"创新"行为的含义是不同的。因此，申请人应当在所期望申请的方案属于技术方案这一大前提下，筹备技术资料的整理以及申请文件的撰写等工作。不能误以为只要付出了创造性劳动，提供了创新成果，就应该有资格申请专利。

其次，应当注意技术方案的主题。换句话说，并非任意主题的技术方案都能够适合于申请获得专利权。专利权是《专利法》规定的概念，其要求符合法定主题和客体方面的要求，例如"赌博方法"、"烹饪技艺"、"毒品制造装置"、"窃取他人隐私的设备"等不符合《专利法》第二条、第五条和第二十五条的规定的技术方案是不可能获得中国大陆地区的专利权的，而且香港和澳门地区也有类似的规定。不了解这些规定就贸然抱以满腔热情付诸专利撰写并提交申请，最终毫无疑问只能是得到被驳回的结果。因此，在此建议申请人了解《专利法》、《专利法实施细则》和《专利审查指南》对于专利申请主题的规定。

再次，应当做好专利申请过程中需要付出的成本预估工作。专利被授予专利权后，可能还面临着其他专利权人或者公众的侵权诉讼和无效风险，其可能在未被应用于带来经济价值的情况下付出大量的年费等成本，而且专利申请的周期一般较长，短则数月多则若干年，这些金钱和时间的付出都需要申请人提前做好考虑。另外，对于职务发明或集体发明而言，申请人要清楚地了解专利申请涉及的技术方案的相关企事业单位或其他发明人的规定和意见，做好法律风险防范工作。

最后，应当初步划分并判断专利申请涉及的技术领域。专利战略在某些领域，或者说某些技术范畴里面是比较合适的，比如通信，半导体，电子产品，汽车等。从我对于中国的经验来说，最终可以固化到一个看得见，摸得着的产品中的技术比较适合采用专利战略。而难以固化为产品，而且变化十分迅速的技术，则即使获得了专利，也难以在实践中加以实施。比如现在互联网领域的各种产品，都是在浏览器上呈现，没有固定的实体，在法律实践中难以确定侵权。但是像 ipad 之类，可以固化为产品的，判断侵权则容易得多。

（2）评估技术方案申请专利的必要性

首先，应当明确专利申请的目的。是为了获得适当的技术方案的保护，还是为了仅仅获得专利权而不考虑授权的权利要求的范围，这不仅对于专利申请文件的撰写是至关重要的前提，也是后续进入实质审查阶段后答复审查意见和修改申请文件时应当遵循的原则。

其次，应当认真评估方案能够获得的商业前景和市场价值。专利权的获得需要一定的时间，期间的市场需求和行业环境可能发生哪些变化，这些变化是否会导致获得授权的专利在创造经济价值的方面大打折扣？获得专利权后的维权成本是否适当和能够承受？专利申请文件记载的技术方案一旦被公开，是否会造成行业竞争对手或者潜在竞争对手获得不应在那一时间得到的信息并对申请人本身的商业目标发展带来威胁？这些问题都是申请人应当尽早考虑的问题，否则专利申请文件即使撰写完成，也可能作废，造成人力和财力的损失。

再次，建议申请人对本身申请的技术方案是否具有技术的先进性进行评估。这里的评估主要是指新颖性，即是否存在与待申请的技术方案完全相同的技术方案已被公开记载或者公开使用。无论从《专利法》对于专利促进社会技术进步的目的性要求，还是对于专利申请获得授权过程中对于新颖性的规定性要求，申请人对其申请的技术方案的创新高度应当有一定的预期。

再次，考虑专利申请文件是否已经被通过学术期刊、报纸、网络等渠道公开，技术方案及相关成果是否被在展会上展览、是否被在学术会议和技术会议上发表。如果出现了上述情况，一般情况下将由于不再符合获得专利授权的条件而不应再申请专利，除非符合"在中国政府主办或承认的国际展览会上首次展出的"、"在规定的学术会议或技术会议上首次发表的"以及"他人未经申请人同意而泄露其内容的"这三种情况。

最后，建议申请人对期望申请专利的技术方案的技术前瞻性有一定认识。因为申请人在自身准备申请文件至最终获得专利授权的过程中，行业内的其他人也可能在考虑申请类似的技术方案以获得专利权。如果能够在技术前瞻性方面给予适当的考虑，则经过一定周期的公开、审查等环节，在获得专利权以后，有利于申请人抢先占领市场，在与其他同行的竞争过程中做到快人一步。

（3）当持续研发或者拟申请多项专利申请时，应考虑专利申请策略

就我国目前的专利保护环境和实际情况而言，对于个人申请者来讲，专利申请通常不会成为一系列或者构成有机的架构，这时，专利申请策略显得无足重轻。然而，对于某些个人申请者和大多数企业而言，技术方案具有连续性、发展性的研发特点，从开始研发到项目被终结的期间至少持续几年的时间，这时对于专利申请策略就应当提起足够的重视。具体地，对于在今后可能仍然申请类似技术方案的专利申请人而言，应当注意从以下方面制定合理的专利申请策略。

首先，应当考虑技术方案今后涉及到的地域范围。专利权是一种与具体地域有紧密联系的私权，其获得过程应当符合相关地域在专利方面的特定规定，尤其是对于涉外的专利申请。每个国家的专利体系并不完全一致，规定可能千差万别，获得授权的专利仅在审批该专利申请的国家法所及的区域有效。当然，随着专利体系的发展，允许区域专利存在，比如欧专局，审批完成后，只需要交进入国家的费用就可以在欧专局相应国家生效。因此，考虑好专利申请涉及到的相关地域，才能做好充分的准备，避免因准备工作不充分造成后续在未申请专利保护的地区或国家被侵权的尴尬局面。

笔者曾经遇到这样的一个实例：某高校老师与国内某企业联合研发并作为联合申请人首先提交了国内发明专利申请，在与外宾交流过程中，这些联合申请人发现某外国机构对此技术方案特别感兴趣，希望能够在当地排他性地使用该项技术。尽管该外国也是《巴黎公约》的缔约国，然而，该申请此时距离申请日已经超过12个月，在国内已经被公开，正处于将要被授权的状态。出于新颖性和创造性的原因，已经无法再在上述国外地区再获得专利权，进而导致错失大好商机。实际上，如果申请人在之前做好该技术可能被应用到的地域范围的调研工作和相关地域的专利政策和法规分析，则完全能够将专利权的经济效益发挥到最大化。

其次，对于研发周期较长的这类核心技术，同时还要考虑到抵触申请的相关规定，应充分沟通了解整个技术研发的周期，采用分阶段提出专利申请的策略，对已经取得阶段性进展的技术成果应尽快提交申请，避免因研发周期过长，造成申请文件提交的延误。此外还应全盘考虑整个研发周期中不断形成的新技术成果与在先申请披露内容的关系，确保不对改进或升级技术的在后专利申请形成障碍。

最后，对于以模仿、改进他人核心技术取得的技术方案，其目的就是为了寻找竞争对手专利布局的空白点，有效地规避竞争对手的专利，从而获取保护的缝隙。这类申请文件撰写时，就必须通过沟通全面深入地了解相关在先申请的布局，认真比较解决的技术问题、技术方案和技术效果，找出与现有技术特别是最接近技术方案相区别技术特征，从区别技术特征是否有新颖性、创造性的角度，发掘具有可专利性的发明点，有针对性的撰写申请文件。

（4）应当做好充分的查新检索工作

在撰写专利申请文件前，进行查新检索并尽可能做到准确和充分，对于提高申请文件的撰写质量具有直接的益处和重大意义。

首先，通过查新检索可以评价专利申请获得授权的可能性。据国外专利机构调查，有66%以上的发明专利最后不能获得授权，其中绝大多数都是因为存在在先公开的文献，缺乏新颖性而致，查新检索的效果由此可见一斑。

其次，良好的查新检索工作有助于更好地撰写专利文件。通过申请前的初步专利检索，可以获得理解现有技术所需的必要信息，这样可以比较现有技术，描述本申请所具有的有益效果和创造性，以及与现有技术的本质区别。获得一些相关的对比文件，其中很有可能包含着可以借鉴之处，这有助于申请人完善技术方案，以更好的提出技术方案，获得最佳的保护效果。

再次，查新检索有助于节省申请人的时间和金钱。通常，从发明专利申请到专利授权或不予授权，需要很长时间。如果申请人不在申请专利前进行初步的专利检索，一旦专利没有获得授权或保护范围减少，失去的不仅仅是申请的费用，更重要的是损失了宝贵的时间和精力。世界知识产权组织（WIPO）有关统计表明：若能在研究开发的各个环节中充分运用专利文献，则能节约 40％的科研开发经费，同时少花 60％的研究开发时间。

常见的中文专利检索方式简介见表 2-1。

表 2-1　常见的中文专利检索方式

查新检索方式	查新检索流程简介
简单专利检索	简单检索方式提供含 9 个检索入口的检索选项和一个信息输入框。检索选项中含有的检索入口有：申请(专利)号、申请日、公开(公告)号、公开(公告)日、申请(专利权)人、发明(设计)人、名称、摘要、主分类号。在简单检索的检索式中可使用模糊字符"％"进行模糊检索 　注意：输入的信息需要与选择的检索入口相匹配；检索式中不能用逻辑算符，例如：AND、OR、NOT
高级专利检索	高级检索页面的上方有三个专利种类的选择项："发明专利"、"实用新型专利"和"外观设计专利"，检索时可以根据需要选择使用，缺省状态下默认在全部专利类型中进行检索。高级检索方式提供 16 个检索入口，各检索入口之间全部为逻辑"AND"运算。右侧的"使用说明"提供相应检索入口的含义、输入格式及检索示例；"说明书浏览器下载"，可供用户安装下载程序以实现浏览说明书全文的功能
导航检索（这里主要介绍 IPC 分类号检索）	IPC 分类检索可以根据左侧的国际专利分类表 8 个部的代码和类名，按照 IPC 分类表的部、大类、小类、大组、小组逐级选择相应的分类号，检索含有该分类号的中国专利文献，并且该分类号还可与其他信息进行逻辑组合检索 　IPC 分类检索仅适用于中国发明和实用新型专利文献的检索

外文专利检索的方式与上述方式类似，申请人可以依靠下列网站提供的检索入口，自行进行查新检索：

http：//www.patentstar.com.cn/frmLogin.aspx； http：//www.soopat.com； h-ttp：//www.cnpat.com.cn； http：//www.cnipr.com.cn； http：//www.epo.org； ht-tp：//www.jpo.go.jp； http：//www.cnki.net。

对于专利文献的全文下载，申请人可以访问该专利所在的专利国家的专利局网站或者欧洲专利局 EPO 网站。例如对于美国专利申请的全文，可以访问美国专利商标局的网站（http：//patft.uspto.gov/netahtml/PTO/search-adv.htm），对于欧洲、日本甚至我国的专利申请的全文，可以访问欧洲专利局 EPO 的相关网页（https：//worldwide.espacenet.com/? locale＝en_EP）。

在检索时，可以采用这样的步骤顺序。

第一步：分析检索主题，确定检索主题的名称；

第二步：选择主题词或关键词，找出同一主题的不同用语（对同一个词应当做适当范围的扩展，这种扩展包括例如：同义词、近义词、反义词、表示上/下位概念的词、变更词性，等等）；

第三步：选择专利分类号（国际专利分类号或本国专利分类号），确定检索的入口；

第四步：选择检索的方式，确定机检方式之前应进行手工试检索；

第五步：选择检索系统，进行初步检索；

第六步：记录检索结果，包括：文献号、文件种类代码、国别代码、发明名称；

第七步：根据文献号找到专利说明书，阅读、筛选。

例如，检索"高分辨率汉字字形发生器"，可以选择"高分辨率"、"汉字"、"字形"、"发生器"作为检索使用的主题用语，并进行适当扩展，例如：将"高分辨率"扩展为"高"、"分辨率"、"分辨力"、"低"，将"发生器"扩展为"产生器"、"生成器"、"发生"、"产生"、"生成"等。在检索时，可以在"简单检索"方式下的"主题"或"摘要"一栏输入"（高 or 低）and（分辨力 or 分辨率）and（字形）and（发生器 or 产生器 or 生成器 or 发生 or 产生 or 生成）"。

（5）应当做好专利池的构建和规划工作

专利池（Patent Pool，也可译为专利联盟、专利联营、专利集管、专利联合授权等）是指各专利权人之间通过协议的方式，将其各自拥有的在某一生产领域所必需的专利打包集合起来，形成的一个专利组合或称专利联盟。专利池是专利的集合，最初是两个或两个以上的专利所有者达成的协议，通过该协议，将一个或多个专利许可给对方或者第三方，后来发展成为把作为交叉许可标的的多个专利权放人一揽子许可中所形成的专利集合体。

专利池通常由某一技术领域内多家掌握核心专利技术的企业通过协议结成，各成员拥有的核心专利是其进入专利池的入场券。专利池可以依其是否对外许可，分为开放式专利池和封闭式专利池两大类。其中，封闭性专利池只在专利池内部成员间交叉许可，不统一对外许可。而开放式专利池成员间可以以各自专利相互交叉许可，对外则由专利池统一进行许可。开放式专利池是大多数现代专利池的主要形式。开放式专利池的对外许可方式通常为打包许可，即将所有的必要专利捆绑在一起对外许可，并且由组织内部制定并采用统一的许可费标准。许可费收入按照各成员所持必要专利的数量比例或具体约定等原则进行分配。专利池对外的专利许可事宜，可以委托本专利池中部分成员代理，也可以授权专设的独立机构进行管理。

构建和规划专利池时，先是要成立一个中立的管理机构，管理机构的职责是进行技术跟踪和评估，超出有效期限的专利即被清除出专利池，新授权的专利会被邀请加入，在专利权人同意后，管理机构还要组织独立的第三方专家组对这些专利进行审核，确认是否属于专利池需要的核心专利，以满足"核心最小原则"。专利池的成员可以使用"池"中的全部专利从事研究和商业活动，且彼此间不需要支付许可费；池外的企业则可以通过支付使用费使用池中的全部专利，而不需要就每个专利寻求单独的许可。不管是理解为协议还是组织，专利池本质上是一种系统化的交易机制，是一种集中管理专利的模式，是将交叉许可的多个专利放入一揽子许可中所形成的专利集合体组建专利池的初衷是加快专利授权，促进技术应用。

目前，技术标准下的开放式专利池已逐步成为具有影响力的专利池，专利池的组建常常基于特定技术标准。例如，欧盟 DVB 标准的"必要专利池"；3G 标准中的"必要专利平台"；MPEG－2 标准中的"必要专利组合"；DVD 标准的 3C 和 6C 专利联营等。

做好专利池的构建和规划意义重大。具体包括：

① 能够有助于在竞争中谋求先机。只拥有一项核心专利不可能造成对某一行业的垄断，而由若干核心专利共同组成的专利池可以达到这个目的。实践中往往由一个公司或者是缔结的产业联盟主导制定标准，然后征集该标准内的必要专利构建专利池，标准制定者通过专利池控制标准甚至垄断产业，谋取垄断利润。

正是有了垄断利益吸引，才使得不同跨国公司甚至是处于竞争状态的企业结成专利联盟，设法将其专利技术纳入标准，进而参与高额垄断利润的分配。此做法也是专利池遭受质疑的重要原因。可以说，技术标准催生了专利池。专利池在保护"池"内企业专利权的同时，还可以遏制被许可方自主研发的势头，维持"池"内企业的技术优势。

② 有利于专利技术的推广应用。由于分工越来越细，产业链延伸，某一产业内厂商众多，上下游企业之间的技术关联度也越来越高，一项产品所涉及的专利越来越密集，形成了"专利丛林"。其中包括了障碍性专利、互补性专利和竞争性专利。障碍性专利存在于基础专利和后续改进的从属专利之间，没有基础专利则从属专利就不能实施，基本专利没有从属专利的辅助就难以进行贸易化开发。因此，障碍专利之间的交叉许可十分必要。互补性专利由不同的研究者独立研发拥有，互相依靠，成为生产某项产品不可分离的一部分，需要交叉许可才能发挥作用。竞争性专利是指可以相互替换的专利，假如存在于同一专利池中，将会引发垄断。现代技术的更新换代不断加快，一项技术假如不能迅速实现产业化，不但不能赢利，甚至连研发本钱都无法收回，用障碍性专利或互补性专利构建专利池，将会消除专利交叉许可的障碍，促进技术的推广应用。专利池还能对企业提供技术信息服务，增加对外许可授权的机会，使"池"内企业获得更多的许可用度。

③ 有助于降低专利许可中的交易成本。传统的专利许可都是专利使用人向不同的专利权人分别请求许可，费时费力，妨碍技术的实施。专利池汇集了某一行业的核心专利技术，遵循同等原则，专利池成员无论专利数目多少，地位一律同等；每一项专利无论其作用大小，也同等对待。专利池成员可以无偿使用池中的全部专利，专利的对外许可遵守"FRAND（Fair Reasonable and Non-Discriminatory）原则"，即"公平、公道、非歧视原则"，进行一站式许可，将同一技术领域中的多项专利许可给使用者，并且执行统一的收费标准。一站式许可给企业提供一个专利共享的平台，降低了交易本钱。

④ 有助于减少专利纠纷，降低诉讼成本。专利池可以有效化解"专利丛林"造成的技术风险，至于专利池成员间的专利争议可在内部协商解决，专利池的专利清单以及被许可使用者的名单都是公然的，侵权行为很轻易被发现。以MPEG专利池为例，MPEG专利治理公司固然并不直接参与其成员涉及专利侵权纠纷的解决，采取何种措施完全由专利权人来决定。但是在进行使用许可时，MPEG专利治理公司是在确保没有侵权的情况下同被许可人签约的，一旦发现

有侵权行为发生，公司会尽量在追索专利费的条件下达成使用许可协议，假如无法达成协议，则交由专利权人处理。

⑤ 有利于通过集体谈判，与跨国公司相抗衡。利用专利池不仅可以解决单个企业抗风险能力差的题目，还可以有效应对技术壁垒，减少贸易摩擦。温州很多产品主要销往国外，外贸依存度高，在屡遭反倾销、国外大企业有品牌上风、把握产业标准和核心专利技术的情况下，对以中小企业为主的企业集群来说，只有通过结成产业同盟，组建专利池，从"零散制造"走向"共同创造"，形成集成创新的协力，才能有效抵御来自国外的专利战略的攻击，突破非关税贸易壁垒。

构建和规划专利池时，通常要注意以下几个方面：

① 入池专利只能是必要专利。根据国际标准组织的定义，必要专利又称核心专利或基础专利，是指经技术标准体系认定是该技术标准体系所必不可少的一项技术，且该技术是一项专利技术而被专利权人所独占。构建专利池时，由专利池中的各专利权人共同制定统一的标准，组织专家对准备加入专利池的专利进行全面评估，准确衡量该专利是否属于本专利池中不可缺少的核心专利，这是加入专利池的前提条件。同时，随着科学技术的发展，应把那些已过有效期或他人已经注册的无效专利及时地从专利池中剔除出去，以保证专利池中的专利都是必要专利。

② 入池专利必须具有互补性。专利之间存在着三种关系：障碍性关系、互补性关系和竞争性关系。障碍性专利和互补性专利之间互相依赖，通过构建专利池实现交叉许可促进技术的推广与利用。而竞争性专利之间相互可以替代，不具有互补性，这种专利池的联合授权许可很可能构成垄断或不正当竞争而成为各国对专利池进行反垄断审查的重要内容。因此，构建专利池必须排除竞争性专利的进入。

③ 入池专利与技术标准的结合。当今世界，"技术专利化、专利标准化、标准许可化"成为了标准先行者主导的标准运作的基本模式，标准化成为了专利技术追求的最高表现形式，专利池中的专利与技术标准越来越紧密地结合在了一起，围绕技术标准建立起来的专利池成为了构建专利池的一种重要方式。同时，技术标准拥有者通过专利池模式将企业标准升级为行业标准或者国家标准，从而形成技术壁垒，扩大自己的市场甚至垄断市场，获取超额利润，使自己在竞争中处于十分有利的地位。

④ 专利池具有垄断性。专利池具有单项专利所达不到的目的——垄断，这也是企业构建专利池的一个重要原因。专利权人通过强制性的"一揽子"许可方式收取许可费，被许可人在接受专利池中某一项专利实施许可的同时必须接受其他专利的许可。通过这种方式，专利权人就可以获得高额的专利许可使用费用，同时增加被许可人使用专利的成本，削弱其市场竞争力，达到打压竞争对手的目的。

⑤ 专利池具有营利性。营利性是专利权人构建专利池的最终目的，专利池实现营利的主要方式是通过专利的使用许可来获得高额的专利许可使用费。专利池建成后，需要成立一个独立机构或者委托其成员来进行统一管理专利池的许可事务。通过专利的使用许可，收取许可费，然后按照专利占有比例向专利权人分配所得利润，所以专利池的构建必须选择市场前景好的产品。

2.4.2 申请文件的撰写技巧

有了上述充分的准备工作，下面就可以开始撰写申请文件了。撰写过程中，除了要注意本书中已经介绍过的关于说明书摘要、摘要附图、权利要求书、说明书、说明书附图等文件应当满足的规定以外，还应当特别注意下面的要点。

（1） 建议根据说明书（及说明书附图）→权利要求书→摘要（及摘要附图）的顺序撰写申请文件

申请文件的撰写顺序一般有"说明书→权利要求书"和"权利要求书→说明书"两种模式。这两种模式各有优势。这里，笔者并不推荐其一而排斥另一种，只是建议对于撰写技巧掌握得不熟练的且技术方案已经较为成熟的申请人采用"说明书—权利要求书"这种撰写模式。

因为，权利要求书是对说明书公开的技术方案的概括和上位化表述，其要求的通常是法律文件常用的语言，要求极度简练和准确。如果申请人对撰写技巧掌握得不够，则容易陷入权利要求写为何种样式和内容的困惑而不能自拔，甚至影响对于说明书的撰写质量。相反，当说明书被依照技术方案首先撰写完成时，申请人已经"融入"或"沉浸"于待申请的技术方案中，尽可能地接近了"本领域技术人员"，此时再去撰写权利要求书，则提炼得到的语言将完全依照说明书的范围且能够容易地做到准确和简练。

注意：下面提及的各要点和技巧，也是从"说明书→权利要求书"这种模式之下的"说明书（及说明书附图）—权利要求书—摘要（及摘要附图）"的撰写顺序为前提而提出的。

（2）应根据查新检索的结果，梳理待申请专利的"背景技术"，凸显技术缺陷

首先，应借助于查新检索的结果形成说明书"背景技术"中的主要内容。根据相关主题的发展状况，能够搜集整理与待撰写的技术方案密切相关的已有技术的状况，并进而撰写能够突出申请文件要解决的技术缺陷的"背景技术"。

例如，如果希望申请一种具有使通信模块牢固地固定于电动牙刷本体的电动牙刷的技术方案，且经过检索该牙刷具有的结构和功能的"通信"、"电动"、"牙刷"等词语，获得了申请号为"201180045167.4"和"201520190166.4"的专利文献，则可以按照如下三个步骤撰写"背景技术"。

第一步：结合申请人对该行业的具有通信功能的电动牙刷的理解，整理相关主题的发展状况。例如，基于申请人的理解，可以将发展状况整理如下：

"牙刷在我们的生活中是必不可少的东西，每天我们都要用牙刷清理自己牙齿上的污垢。电动牙刷作为一种自动化的电子日用品，逐渐被大众接受。一般的电动牙刷包括了干电池、微型直流电机、电池盒、牙刷头、金属护板和套筒等部件。干电池在电动牙刷使用时，是和直流电机一起安装在电池盒里面，用来作为直流电机电源。使用电动牙刷时，打开电源，电流控制电机，使牙刷的刷毛开始进行旋转运动。"

上述电动牙刷发展状况包括了三个方面的内容：第一是牙刷乃至电动牙刷的定义和/或必要性；第二是已有电动牙刷的一般结构；第三是已有的电动牙刷的工作原理。进而，上述内容可以被作为专利申请文件的说明书中的"背景技术"的一部分。

第二步：基于查新检索的结果进一步分析具有通信功能的电动牙刷的发展现状。例如，可以结合 CN201180045167.4 的内容，整理如下，其中"CN201180045167.4"就被认为是申请人经过检索以后获得的与其申请的技术方案最接近的现有技术文献：

"在利用现有的电动牙刷刷牙过程期间，电动牙刷使用者用力大小是通过通信信号实现的，例如，申请号 CN201180045167.4 的发明专利申请公开了一种用于估算施加的力的口腔卫生工具，所述口腔卫生工具具有柄部区域、头部以及在柄部区域和头部之间延伸的颈部。头部具有附接到所述头部的多个清洁元件。柄部区域具有第一部分和第二部分以及可枢转地连接到所述第一部分和所述第二部分的力传感器。力传感器包括头部和颈部，并且力传感器的至少一部分与所述第一部分和/或所述第二部分整体成型，其中力传感器能够通过通信装置与处理器进行数据交换，以便于为使用者提供有关所施加的刷洗力过高的反馈。"

第三步：提出现有通信技术在其中的不足之处。例如：

"然而，现有技术中的通信模块在电动牙刷使用过程中，容易产生松动，造成信号传输故障，不但影响了牙刷的力度反馈，而且影响了电动牙刷的使用寿命。"

（3）基于查新检索的结果，将创新性内容突出于"具体实施例"和"权利要求"中

首先，基于查新检索的结果，确定待申请技术方案中的创新性内容。申请人在完成查新检索以后，应当对与待申请技术方案类似的已有方案的状况有了全面的认识。在此基础上，应对该待申请的技术方案中的如下内容加以明确区分：哪些是这些已有方案中出现过的，哪些又是该待申请的技术方案特有的，哪些是对待申请的技术方案解决其技术问题并达到其预期技术效果所必须的。在进行上述区分后，待申请的技术方案中的创新性内容就是既相对于已有方案所特有的、又对于解决其技术问题并达到其预期技术效果具有不可替代的作用的内容。

其次，在已有技术方案的基础上，突出该创新性内容。该创新性内容应当被作为中心，相关的技术手段应围绕该中心进行扩充和扩展。例如，在具体实施例部分，仍以上述的电动牙刷的例子为例，将通信模块固定于电动牙刷内的机械结构将被扩充为多个不同的实施例，各个实施例中的机械结构中的各个组成部件可以被设置于不同的相对位置，或者采用不同形状来设计。这样不但能够使得相关权利要求得到说明书的充分支持，从而概括得到更上位、保护范围更宽的权利要求，而且也能够给行业竞争者的类似方案在新颖性和创造性方面增加无法获得专利授权的风险，从而反过来促进自身专利权的排他性和相对应的技术方案在相关技术领域内的垄断地位。

最后，在权利要求中，也应当注意：要把与创新性内容一致的技术特征放入到"其特征在于"之后，从而符合《专利法》及《实施细则》对于权利要求应当区分"前序部分"和"特征部分"的要求。

（4）提供丰富、详尽、依据充分的技术效果描述

在我国专利申请文件的撰写实例中，大量说明书在撰写过程中，一般将技术

效果（本节中的技术效果即指"有益效果"）的有关描述放在"发明内容"部分。此时应当注意：

首先，技术效果要丰富和详尽。技术效果往往对应于技术问题，但二者又不完全等同。根据《审查指南》的规定，发明或者实用新型所要解决的技术问题是指，发明或者实用新型要解决的现有技术中存在的技术问题。发明或者实用新型专利申请记载的技术方案应当能够解决这些技术问题。有益效果是指，由构成发明或者实用新型的技术特征直接带来的，或者是由所述的技术特征必然产生的技术效果。有益效果应在由产率、质量、精度、和效率的提高，能耗、原材料、工序的节省，加工、操作、控制、使用的简便，环境污染的防治或者根治等方面反映所要解决的技术问题。

发明或者实用新型所要解决的技术问题应当按照下列要求撰写：

a. 针对现有技术中存在的缺陷或不足；

b. 用正面的、尽可能简洁的语言客观而有根据地反映发明或者实用新型要解决的技术问题，也可以进一步说明其技术效果。

例如，某项关于"用于制备磷酸铁锂的方法"发明专利申请，其所要解决的技术问题是"振实密度较小，导致电池制作中体积密度提高不上去，从而降低了电池的容量，并且有大量废气产生"以及"锂电池的储存稳定性有待提高"，那么，在技术效果方面，通常可以按照如下两种方式撰写：

方式一：对应式，即对应于技术问题或待解决的现有技术缺陷，阐述技术效果

例如，技术效果表述为："根据本发明制备磷酸铁锂的方法，能够增加振实密度，进而提高电池制作中体积密度，扩大电池的容量，减少废气的产生"，并且"提高锂电池的储存稳定性"。

方式二：递进式，即相对于技术问题进一步深入阐述产率、质量、精度和效率的提高，能耗、原材料、工序的节省，加工、操作、控制、使用等方面的指标。

例如，技术效果表述为："可以得到一种一次粒子为纳米级，二次粒子为球形微米级的磷酸铁锂颗粒，其振实密度达到 $1.4g/cm^3$，且比较面积可以控制到 $12m^2/g$，其电化学性能优异，0.1C 放电容量可达 $150mA \cdot h/g$ 以上，2C 放电容量可达 $130mA \cdot h/g$ 以上"。

其次，技术效果要尽可能地与技术方案中的技术手段或技术特征存在对应关

系。这样，技术效果能够更加充实、具体，而且有助于在当审查员或在法庭上参加诉讼时，对与现有技术的技术方案中的相同或相似的技术特征提出有说服力的依据。这方面，日本申请的做法比较值得借鉴。例如，申请号为 CN 200980148701.7 的发明专利申请中，对于技术效果的描述是"揉入"到"发明内容"和"具体实施方式"的技术方案中的。下面，以其中的"发明内容"部分的内容为例加以说明：

"本发明的目的在于提供非接触电力传输装置以及该非接触电力传输装置中的电力传输方法，即使构成共振系统的两个共振线圈之间的距离以及负载的至少一方发生变化，也能够不使交流电源的交流电压的频率改变地将交流电源的输出电力效率较好地向负载供给。……为了达到上述目的，……在本发明的第二方式中，提供一种具有交流电源、共振系统、负载的非接触电力传输装置。共振系统具有与所述交流电源连接的初级线圈、初级侧共振线圈、次级侧共振线圈、次级线圈、与所述次级线圈连接的负载。非接触电力传输装置还具有阻抗可变电路和对所述阻抗可变电路进行控制的控制部。阻抗可变电路设置在所述次级线圈和所述负载之间并且具有可变电抗元件。对于所述控制部来说，对于表示所述共振系统的状态的参数的变化，控制所述可变电抗元件的电抗，因此，对所述阻抗可变电路的阻抗进行调整，使得抑制从所述交流电源输出的交流电压的频率的所述共振系统的输入阻抗的变化。"

其中的"对于所述控制部来说，对于表示所述共振系统的状态的参数的变化，控制所述可变电抗元件的电抗，因此，对所述阻抗可变电路的阻抗进行调整，使得抑制从所述交流电源输出的交流电压的频率的所述共振系统的输入阻抗的变化"结合技术方案的第二方式，既不影响技术方案的表述，也能够有针对性地阐述该技术方案的第二方式的有益效果，显得有理有据，为后续申请人抗辩奠定了坚实的基础。

（5）将最核心的必要技术特征写入独立权利要求，以实现最大限度的保护

在确保权利要求限定的技术方案的完整性的前提下，权利要求应当尽可能地仅记载必要技术特征。如果在独立权利要求书中没有本专利所必要的技术特征，除了无法顺利地获得专利授权，另一个可能的结果就是为专利权带来被无效的风险，或者是无法有效地对抗侵权人，主张自己的合法权益，失去获得专利权的价值。

一方面，这里的"完整性"并非是指一般意义上的结构完整性或者方法步骤的完整性，而是指构成某一产品的各个组成部件中，对于待申请的技术方案所要解决的技术问题和期望达到的技术效果而言，是必不可少的。其相对于"最核心"的重要性略显次要。另一方面，"最核心"体现了写入独立权利要求的技术特征要"字斟句酌"，如非必要则坚决不写入独立权利要求。实际上，这样的做法也体现了申请人站在"本领域技术人员"的角度来对待申请文件的撰写，也体现了在专利撰写方面一定程度上的专业素养。

下面，通过两个例子来加以进一步阐释：

例一：某有关照相机的发明专利申请，其相对于现有技术的改进之处仅在于照相机的快门。此时，权利要求的前序部分只要写成"一种照相机，该照相机包括一快门"就足够了，而不需要涉及其他已知特征，如透镜和取景窗。其特征部分则应当说明该发明对现有技术作出贡献的那些技术特征。

以上例子摘自《PCT 初步审查指南》第 5.05 节，属于对 PCT 条约第六条所作的进一步解释。该例子在我国的审查指南中也被引用（见《审查指南》2010年版第二部分第二章第 3.3.1 节）。尽管照相机不可能仅仅包括快门这一个部件，但从上述"完整性"的概念来看，其他的部件（例如，外壳、镜头、取景器、光圈等）在本领域技术人员的角度来看，是该申请申请日以前已有的技术方案中充分和清楚地记载过的，属于现有技术，不必要记载在独立权利要求中。

例二：作为对 PCT 条约第 6 条的进一步解释，《PCT 初步审查指南》第5.33 节还列举了另一个例子：

独立权利要求应当清楚地说明所限定发明的全部必要技术特征，除非这些特征已被所用的一般术语所暗示，如一项关于"自行车"的权利要求，不需要提到轮子的存在。

从上述两个例子中还可以进一步总结出以下两点：

① 一项权利要求中不必包含实现该发明的全部技术特征，只需写入那些"对现有技术作出贡献的"那些必要技术特征；

② 在与该技术主题有关的技术特征中，那些"已知特征"或者隐含在"一般术语"中的特征可以不写入其权利要求中。

最后，还有一个值得注意的误区是：某一项独立权利要求限定的技术方案，并不要求与申请文件所要解决的技术问题完全对应。也就是说，当所要解决的技术问题包括多个时，某一项独立权利要求的撰写并不要求能够达到解决所有技术问题的结果，而只是能够解决其中某一个技术问题即可。

（6） 构建富有层次感的权利要求书合理格局

上面提到了独立权利要求应当注意的要点。对于权利要求书而言，应尽可能避免只有一项权利要求。这一方面是从为申请人自身获得尽可能多的利益的考虑，另一方面也是为了构建合理的权利要求书的结构考虑的。

权利要求书中，应当至少包括一组权利要求，其中具有一项独立权利要求和至少一项从属权利要求。从属权利要求对独立权利要求的技术方案进行限定，并且依照其在权利要求书中的编号顺序应逐渐细化，具有鲜明性的层次感。

上述的鲜明性，体现在独立权利要求与从属权利要求之间以及一组权利要求之中的各从属权利要求之间的差距上。为了发挥审批防线和无效防线的目的，应使从属权利要求和独立权利要求之间进行有效的小步合并，即独立权利要求的技术方案与从属权利要求的技术方案之间的层次不宜相差过大，在独立权利要求和限定具体技术方案的从属权利要求之间设定对应中间保护范围的从属权利要求。

构建权利要求书中各项权利要求的层次感，目的在于两点：一是在实质审查阶段方便申请人将从属权利要求合并到独立权利要求中，避免出现从说明书中的技术方案重新概括提炼时导致修改超范围从而不符合《专利法》第三十三条的规定的情况；二是在无效阶段能够允许申请人方便地修改被无效掉的独立权利要求，保住其专利权的有效性。当然，第二点在今后的专利法规修改中已经明确了还可以借助于说明书公开的内容进行适当的修改，但至少对于不熟悉专利法规和缺少实践经验的申请人而言，把后备的"子弹"放在权利要求书中独立权利要求之后，既方便又能针对容易出现的修改超范围的问题而做到"有备无患"。

为了发挥侵权防线的目的，应将从属权利要求中限定的技术特征落实到具体产品上，尤其是易取证的产品，从而利于后续可能的侵权诉讼。根据从属权利要求中附加技术特征与独立权利要求中必要技术特征的关系，可以将从属权利要求分为：追加型和细化型。

例如下面的一组权利要求：

权利要求 1. 一种半导体结构，其特征在于，包括结构特征 A 和结构特征 B。

权利要求 2. 根据权利要求 1 所述的半导体结构，其特征在于，还包括结构特征 C。

权利要求 3. 根据权利要求 1 或 2 所述的半导体结构，其特征在于，所述结构特征 A 包括结构特征 D 和结构特征 E。

上述从属权利要求 2 为追加型，即其中的附加技术特征 C 是在独立权利要求的必要技术特征 A 和 B 的基础上增加的技术特征；从属权利要求 3 为细化型，即其中的附加技术特征 D 和 E 是对独立权利要求中的必要技术特征 A 的进一步限定。因此，可以从追加和细化两个角度进行从属权利要求的布局。具体地，可以从必要技术特征之外的剩余技术特征中选择与必要技术特征相关的技术特征、技术问题、技术方案和技术效果都很清楚的技术方案对应的技术特征作为附加技术特征，将剩余技术特征中对发明目的无实际意义的技术特征删去，从而形成从属权利要求。

此外，在保证技术方案完整清楚的前提下，应尽可能采用单特征限定的方式。仍以上述例子进行说明，上述半导体结构还可以包括结构特征 G 或/和结构特征 H，即增加以下两个从属权利要求：

权利要求 4. 根据权利要求 1 所述的半导体结构，其特征在于，还包括结构特征 G。

权利要求 5. 根据权利要求 1 或 4 所述的半导体结构，其特征在于，还包括结构特征 H。

与上述要点非常相关的另一个要点是有关于当权利要求书包括两组方法类和装置类权利要求时的情况。实践中，这两类同时出现时，往往出于保护类型全面的考虑以及满足单一性要求的考虑，将方法权利要求和装置权利要求写成是彼此对应的。从名称上，这种情况的权利要求的主题分别是"××方法"及"根据××方法的产品"、"××产品"及"××产品的制造/使用方法"，"××方法"及"包括××方法的方法"、"××产品"及"包括××产品的产品"等情形。需要申请人特别注意的是：务必避免在一项权利要求中出现方法特征与装置特征混合的权利要求情况，否则，既可能给实质审查阶段造成麻烦，也可能因此导致在侵权诉讼过程和无效过程中，权利要求的保护范围无法被清楚地界定。

2.4.3　申请文件的修改

申请文件在撰写后，并非直接可以去准备提交，而是应当有一个反复修改的过程，尤其是权利要求与说明书之间应当反复调整。这里建议斟酌以下几个方面：

① 权利要求书中各项权利要求是否被合理布局且具有层次感？

② 权利要求书包括的各项权利要求是否超过 10 项？如果超过是否有必要

（因为，超过 10 项以后，每超出一项需要交付额外的相关申请费用)？

　　③ 权利要求能否得到说明书的充分支持？

　　④ 说明书附图是否符合《实施细则》及《审查指南》的相关规定？

　　⑤ 说明书的结构是否完整。说明书一般包括：申请发明/实用新型专利，应当提交发明/实用新型专利请求书、权利要求书、说明书、说明书摘要，有说明书附图的，还应当提交说明书附图和摘要附图。

2.5　专利申请的提交和受理

2.5.1　专利申请文件的提交

（1）纸件申请

　　纸件申请除另有规定外相关文件应当以纸件形式提交。申请人以纸件形式提出专利申请并被受理的，在审批程序中应当以纸件形式提交相关文件。除另有规定（例如涉及核苷酸/氨基酸的专利申请需要提交序列表的计算机可读形式副本，外观设计专利申请必要时可以提交外观设计模型）外，申请人以电子文件形式提交的相关文件视为未提交。以口头、电话、实物等非书面形式办理各种手续的，或者以电报、电传、传真、电子邮件等通信手段办理各种手续的，均视为未提出，不产生法律效力。

　　① 面交或邮寄。申请人申请专利或办理其他手续的，可以将申请文件当面递交或者通过邮局邮寄给国家知识产权局专利局受理部门或代办处（"代办处业务"见 2.4.2 节）。

　　② 邮寄。向国务院专利行政部门邮寄有关申请或者专利权的文件，应当使用挂号信函，不得使用包裹，不得直接从国外，或者香港、澳门或台湾地区向国家知识产权局邮寄文件。

　　③ 谁应当委托专利代理机构办理专利申请和其他专利事务

　　a. 在中国内地没有经常居所或者营业所的外国人、外国企业或外国其他组织在中国申请专利和办理其他专利事务，或者作为第一署名申请人与中国内地的申请人共同申请专利和办理其他专利事务的，应当委托专利代理机构办理。

　　b. 在中国内地没有经常居所或者营业所的香港、澳门或者台湾地区的申请人向专利局提出专利申请和办理其他专利事务，或者作为第一署名申请人与中国内地的申请人共同申请专利和办理其他专利事务的，应当委托专利代理机构办理。

（2）电子申请

电子申请是指以互联网为传输媒介将专利申请文件以符合规定的电子文件形式向专利局提出的专利申请。申请人以电子文件形式提出专利申请并被受理的，在审批程序中应当通过电子专利申请系统以电子文件形式提交相关文件，另有规定的除外。不符合规定的，该文件视为未提交。

2.5.1.1　专利申请文件和其他文件

（1）专利申请文件

申请人提出专利申请，向专利局提交的《专利法》规定的请求书、说明书、权利要求书、说明书附图和摘要（发明或实用新型专利申请文件）或者《专利法》规定的请求书、图片或者照片、简要说明（外观设计专利申请文件）等文件，称为专利申请文件。

（2）其他文件

在提出专利申请的同时或者提出专利申请之后，申请人（或专利权人）、其他相关当事人在办理与该专利申请（或专利）有关的各种手续时，提交的除专利申请文件以外的各种请求、申报、意见陈述、补正以及各种证明、证据材料，称为其他文件。

2.5.1.2　专利申请文件和其他文件的要求

（1）一般要求

① 一份文件不得涉及两件以上专利申请（或专利），一页纸上不得包含两种以上文件（例如一页纸不得同时包含说明书和权利要求书）。

② 中文简化字。专利申请文件以及其他文件，除由外国政府部门出具的或者在外国形成的证明或者证据材料外，应当使用中文简化字。

专利申请文件是外文的，应当翻译成中文，其中外文科技语应当按照规定译成中文，并采用规范用语。外文科技语没有统一中文译法的，可按照一般惯例译成中文，并在译文后的括号内注明原文。

当事人在提交外文证明文件、证据材料时（例如优先权证明文本、转让证明等），应当同时附具中文题录译文，审查员认为必要时，可以要求当事人在规定的期限内提交全文中文译文或者摘要中文译文；期满未提交译文的，视为未提交该文件。

③ 国家法定计量单位。计量单位应当使用国家法定计量单位，包括国际单位制计量单位和国家选定的其他计量单位，必要时可以在括号内同时标注本领域公知的其他计量单位。

（2）标准表格

一张表格只能用于一件专利申请。

① 标准表格。办理专利申请（或专利）手续时应当使用专利局制定的标准表格。标准表格由专利局按照一定的格式和样式统一制定、修订和公布。

办理专利申请（或专利）手续时以非标准表格提交的文件，审查员会发出补正通知书或者针对该手续发出视为未提出通知书。

② 非标准表格。申请人在答复补正通知书或者审查意见通知书时，提交的补正书或者意见陈述书为非标准格式的，只要写明申请号，表明是对申请文件的补正，并且签字或者盖章符合规定的，可视为文件格式符合要求。

（3）纸张规格

① 质量高的白色 A4 纸。各种文件使用的纸张应当质量与 80 克胶版纸相当或者更高的白色 A4 纸。

② 页边距。申请文件的顶部（有标题的，从标题上沿至页边）应当留有 25mm 空白，左侧应当留有 25mm 空白，右侧应当留有 15mm 空白，底部从页码下沿至页边应当留有 15mm 空白。

（4）书写规则

① 打字或印刷。请求书、权利要求书、说明书、说明书摘要、说明书附图和摘要附图中文字部分以及简要说明应当打字或者印刷。上述文件中的数学式和化学式可以按照制图方式手工书写。申请文件不许涂改。如确有必要增删更改时，应当提出申请以后，通过补正手续办理。对申请文件的文字不正和修改，不得超出原说明书和权利要求书记载的范围。

其他文件除另有规定外，可以手工书写，但字体应当工整，不得涂改。

② 字体及规格。各种文件应当使用宋体、仿宋体或者楷体。

字高应当在 3.5～4.5mm，行距应当在 2.5～3.5mm。

③ 书写方式。各种文件除另有规定外，应当单面、纵向使用。自左至右横

向书写，不得分栏书写。

④ 书写内容。同一内容在不同栏目或不同文件中应当填写一致。

⑤ 字体颜色。字体颜色应当为黑色，字迹应当清晰、牢固、不易擦、不褪色，以能够满足复印、扫描的要求为准。

⑥ 编写页码。各种文件应当分别用阿拉伯数字顺序编写页码。页码应当置于每页下部页边的上沿，并左右居中。

（5）证明文件

各种证明文件应当由有关主管部门出具或者由当事人签署；应当提供原件；证明文件是复印件的，应当经公证或者由主管部门加盖公章予以确认（原件在专利局备案确认的除外）。

（6）文件份数

① 一式两份。申请人提交的专利申请文件应当一式两份，原本和副本各一份，并应当注明其中的原本。申请人未注明原本的，专利局指定一份作为原本。两份文件的内容不同时，以原本为准。

② 一式一份。除《实施细则》和《审查指南》另有规定以及申请文件的替换页外，向专利局提交的其他文件（如专利代理委托书、实质审查请求书、著录项目变更申报书、转让合同等）为一份。

③ 其他份数。文件需要转送其他有关方的，专利局可以根据需要在通知书中规定文件的份数。

（7）签字或者盖章

向专利局提交的专利申请文件或者其他文件，应当按照规定签字或者盖章。

未委托专利代理机构的申请，应当由申请人（或专利权人）、其他利害关系人或者其代表人签字或者盖章；办理直接涉及共有权利的手续，应当由全体权利人签字或者盖章；委托了专利代理机构的，应当由专利代理机构盖章，必要时还应当由申请人（或专利权人）、其他利害关系人或者其代表人签字或者盖章。

（8）样品、样本或模型

国家知识产权局专利局在受理专利申请时不接收样品、样本或模型。在后续的审查程序中，申请人应审查员要求提交样品、样本或模型时，如果在国家知识产权局专利局受理窗口当面提交，则应当出示"审查意见通知书"；如果是邮寄，则应当在邮件上写明"提交样品、样本或模型"类似字样。

样品或者模型的体积不得超过 30cm×30cm×30cm，重量不得超过 15kg。易腐、易损或者危险品不得作为样品或者模型提交。

2.5.2 专利申请的受理部门

专利局的受理部门包括专利局受理处和专利局各代办处。专利局受理处和各地方代办处的地址和业务工作范围，由国家知识产权局以公告形式向公众发布（中华人民共和国国家知识产权局网站首页下方"专利代办处"，网址：http：//www.sipo.gov.cn/zldbc/）

（1）专利局受理处

专利局受理处负责受理专利申请及其他有关文件。

邮寄地址：北京市海淀区蓟门桥西土城路 6 号国家知识产权局专利局受理处，邮编：100088。

（2）代办处

代办处受理专利申请及其他有关文件。

代办处主要业务包括：专利申请文件的受理、与专利申请文件一同提交的其他文件的受理、费用减缓请求的审批、专利费用的收缴、专利实施许可合同备案、办理专利登记簿副本及相关业务咨询服务。

代办处不能受理的专利申请文件和其他文件：PCT 申请文件及其他文件、专利申请被受理后提交的其他文件。

2.5.3 专利申请的受理和受理条件

专利局受理处或专利局代办处收到专利申请后，对符合受理条件的申请，将确定申请日，给予申请号，发出专利申请受理通知书、缴纳申请费通知书或费用减缓审批通知书，通知申请人。不符合受理条件的，将发出文件不受理通知书。

2.5.3.1 专利申请受理通知书
（1）专利申请受理通知书的内容

内容包括申请号、申请日、申请人姓名或者名称、经国家知识产权局专利局核实的申请文件清单，加盖专利局受理处或者代办处印章，并有审查员的署名和发文日期等信息。

向专利局受理处寄交申请文件的，一般在 1 个月左右可以收到专利局的受理通知书，超过 1 个月尚未收到专利局通知的，申请人应当及时向专利局受理处查询。

（2）专利申请受理通知书的作用

① 正式确认申请人提交的专利申请符合受理条件，作出予以受理的决定，所以受理通知书可以作为曾向国家知识产权局专利局提出某项专利申请的一种证明。

② 国家知识产权局专利局确定的申请日和给予的申请号通知给申请人。

③ 申请文件清单是申请人向国家知识产权局专利局提交了哪些文件的证明。

2.5.3.2 不予受理的情形

专利申请有下列情形之一的，专利局不予受理：

① 发明专利申请缺少请求书、说明书或者权利要求书的；实用新型专利申请缺少请求书、说明书、说明书附图或者权利要求书的；外观设计专利申请缺少请求书、图片或照片或者简要说明的。

② 未使用中文的。

③ 申请文件是未打字或者印刷的；或者某一申请文件的字迹和线条不清晰可辨或有涂改以至不能分辨其内容；或者发明或者实用新型专利申请的说明书附图和外观设计专利申请的图片是用易擦去的笔迹绘制或有涂改。

④ 请求书中缺少申请人姓名或者名称，或者缺少地址的。

⑤ 外国申请人因国籍或者居所原因，明显不具有提出专利申请的资格的。

⑥ 在中国内地没有经常居所或者营业所的外国人、外国企业或者外国其他组织作为第一署名申请人，没有委托专利代理机构的。

⑦ 在中国内地没有经常居所或者营业所的香港、澳门或者台湾地区的个人、企业或者其他组织作为第一署名申请人，没有委托专利代理机构的。

⑧ 直接从外国向专利局邮寄的。

⑨ 直接从香港、澳门或者台湾地区向专利局邮寄的。

⑩ 专利申请类别（发明、实用新型或者外观设计）不明确或者难以确定的。

⑪ 分案申请改变申请类别的。

2.5.4 申请日的确定和专利申请号

2.5.4.1 申请日的确定

（1）申请日的确定

① 向专利局受理处或者代办处窗口直接递交的专利申请，以"收到日"为申请日；

② 通过邮局邮寄递交到专利局受理处或者代办处的专利申请，以信封上的"寄出邮戳日"为申请日；寄出的邮戳日不清晰无法辨认的，以专利局受理处或者代办处"收到日"为申请日，并将信封存档。

③ 通过快递公司递交到专利局受理处或者代办处的专利申请，以"收到日"为申请日。邮寄或者递交到专利局非受理部门或者个人的专利申请，其邮寄日或者递交日不具有确定申请日的效力，如果该专利申请被转送到专利局受理处或者代办处，以受理处或者代办处"实际收到日"为申请日。

④ 分案申请以"原申请的申请日"为申请日，并在请求书上记载分案申请递交日。

⑤ 电子文件形式向专利局提交的专利申请及各种文件，以专利局专利电子系统收到电子文件之日为递交日。

（2）专利局确定的申请日和申请人认为的申请日不一致的原因

① 寄出的邮戳日不清晰无法辨认的，以专利局受理处或者代办处收到日为申请日，并将信封存档。（通过邮局邮寄递交到专利局受理处或者代办处的专利申请，以信封上的寄出邮戳日为申请日）

② 申请人认为国家知识产权局专利局确定的申请日有误。

③ 说明书中写有对附图的说明但无附图或者缺少部分附图的，申请人应当在国务院专利行政部门指定的期限内补交附图或者声明取消对附图的说明。申请人补交附图的，以向国务院专利行政部门"提交或者邮寄附图之日"为申请日。（取消对附图的说明的，保留原申请日。）

（3）申请日的更正

申请人收到专利申请受理通知书之后认为该通知书上记载的申请日与邮寄该申请文件日期不一致的，可以请求专利局更正申请日。

申请人请求更正申请日的，应当符合下列要求：

① 在递交专利申请文件之日起 2 个月内或者申请人收到专利申请受理通知书 1 个月内提出；

② 附有收寄专利申请文件的邮局出具的寄出日期的有效证明，该证明中注明的寄出挂号号码与请求书中记录的挂号号码一致。

准予更正申请日的，应当作出重新确定申请日通知书，送交申请人，并修改有关数据；不予更正申请日的，应当对此更正申请日的请求发出视为未提出通知书，并说明理由。

（4）递交日的重新确定

当事人对专利局确定的其他文件递交日有异议的，应当提供专利局出具的收到文件回执、收寄邮局出具的证明或者其他有效证明材料。证明材料符合规定的，专利局应当重新确定递交日并修改有关数据。

2.5.4.2　专利申请号

专利申请号是指国家知识产权局受理一件专利申请时给予该专利申请的一个标识号码。

（1）2003 年 10 月 1 日前专利申请号的组成结构

＊＊	＊	＊＊＊＊＊	．＊
年	种类	流水号	校验位

专利申请号由 9 位阿拉伯数字组成，包括申请年号、申请种类号和申请流水号三个部分。由左向右依次表示为，第 1 位、第 2 位数字：受理专利申请的年号；第 3 位数字：专利申请的种类（"1"表示发明专利申请；"2"表示实用新型专利申请；"3"表示外观设计专利申请；"8"表示进入中国国家阶段的 PCT 发明专利申请；"9"表示进入中国国家阶段的 PCT 实用新型专利申请。）；第 4～8 位数字（共5 位）：申请流水号，表示受理专利申请的相对顺序。"."后面的是校验位。

（2）2003 年 10 月 1 日后专利申请号的组成结构

＊＊＊＊	＊	＊＊＊＊＊＊＊	．＊
年	种类	流水号	校验位

专利申请号由 12 位阿拉伯数字组成，包括申请年号、申请种类号和申请流水号三个部分。

由左向右依次表示为，第 1～4 位数字：受理专利申请的年号，第 5 位数字：专利申请的种类（"1"表示发明专利申请；"2"表示实用新型专利申请；"3"表示外观设计专利申请；"8"表示进入中国国家阶段的 PCT 发明专利申请；"9"表示进入中国国家阶段的 PCT 实用新型专利申请。）；第 6～12 位数字（共 7 位）：申请流水号，表示受理专利申请的相对顺序。"."后面的是校验位。

2.6 需要保密的专利申请

申请专利的发明创造涉及国家安全或者重大利益需要保密的，按照国家有关规定办理。

2.6.1 国防专利申请

国防专利申请指涉及国防利益需要保密的专利申请。专利局受理的专利申请涉及国防利益需要保密的，应当及时移交国防专利机构进行审查，审查员向申请人发出专利申请移交国防专利局通知书；不需要保密的，审查员应当发出保密审批通知书，通知申请人该专利申请不予保密，按照一般专利申请处理。由国防专利局进行保密确定。

2.6.2 保密专利申请

保密专利申请指涉及国防利益以外的国家安全或者重大利益的专利申请。专利局认为其受理的发明或者实用新型专利申请涉及国防利益以外的国家安全或者重大利益需要保密的，应当及时作出按照保密专利申请处理的决定，并通知申请人。

（1）申请人提出保密请求的保密确定

申请人认为其发明或者实用新型专利申请涉及国防利益以外的国家安全或者重大利益需要保密的，提出保密请求的时间：① 在提出专利申请的同时，在请求书上作出要求保密的表示，其申请文件应当以纸件形式提交；② 在发明专利申请进入公布准备之前，或者实用新型专利申请进入授权公告准备之前，提出保密请求。

申请人在提出保密请求之前已确定其申请的内容涉及国家安全或者重大利益需要保密的，应当提交有关部门确定密级的相关文件。

专利局（必要时邀请相关领域的技术专家协助）进行保密确定。审查员根据保密确定的结果发出保密审批通知书，需要保密的，通知申请人该专利申请予以保密，按照保密专利申请处理；不需要保密的，通知申请人该专利申请不予保密，按照一般专利申请处理。

（2）专利局自行进行的保密确定

申请人未提出保密请求，但专利申请内容涉及国防利益以外的国家安全或者重大利益需要保密的发明或实用新型专利申请，专利局会将其转为保密专利申请并通知申请人。

2.6.3　保密专利申请为电子申请的处理

保密专利申请为电子申请的应将电子申请转为纸件形式。对于已确定为保密专利申请的电子申请，如果涉及国家安全或者重大利益需要保密，审查员会将该专利申请转为纸件形式继续审查并通知申请人，申请人此后应当以纸件形式向专利局或国防专利局递交各种文件，不得通过电子专利申请系统提交文件。

2.6.4　解密

保密专利申请的申请人或者保密专利的专利权人可以书面提出解密请求。申请人（或专利权人）提出解密请求时，应当附具原确定密级的部门同意解密的证明文件。

专利局每 2 年对保密专利申请（或专利）进行一次复查，经复查认为不需要继续保密的，通知申请人予以解密。

2.7　费用的缴纳与减缓

向国务院专利行政部门申请专利和办理其他手续时，应当缴纳下列费用：

① 申请费、申请附加费、公布印刷费、优先权要求费；② 发明专利申请实质审查费、复审费；③ 专利登记费、公告印刷费、年费；④ 恢复权利请求费、

延长期限请求费；⑤ 著录事项变更费、专利权评价报告请求费、无效宣告请求费。

2.7.1 缴纳费用的方式和缴费日的确定

（1） 面缴

直接向专利局（包括专利局各代办处）缴纳。以缴纳当日为缴费日。

（2） 汇付

通过邮局或者银行汇付。以邮局汇付方式缴纳费用的，以邮局汇出的邮戳日为缴费日；以银行汇付方式缴纳费用的，以银行实际汇出日为缴费日。

① 缴费日的确定。邮局取款通知单上的汇出日与中国邮政普通汇款收据上收汇邮戳日表明的日期不一致的，以当事人提交的中国邮政普通汇款收据原件或者经公证的收据复印件上表明的收汇邮戳日为缴费日。审查员认为当事人提交的证据有疑义时，可以要求当事人提交汇款邮局出具的加盖部门公章的证明材料。

当事人通过银行汇付，对缴费日有异议，并提交银行出具的加盖部门公章的证明材料的，以证明材料确认的汇出日重新确定缴费日。

② 汇单必须要写明的信息。汇单上应当写明"申请号或者专利号"以及"缴纳的费用名称"。不符合规定的，视为未办理缴费手续。

未写明申请号（或专利号）的，费用退回。费用退回的，视为未办理缴费手续。因缴费人信息填写不完整或者不准确，造成费用不能退回或者退款无人接收的，费用暂时存入专利局账户。费用入暂存的，视为未办理缴费手续。

汇单上应当写明汇款人姓名或者名称及其通讯地址（包括邮政编码）。

③ 汇单上应当写明缴纳的费用。同一专利申请（或专利）缴纳的费用为 2 项以上的，应当分别注明每项费用的名称和金额，并且各项费用的金额之和应当等于缴纳费用的总额。

同一汇单中包括多个专利申请（或专利），其缴纳费用的总额少于各项专利申请（或专利）费用金额之和的，处理方法如下：缴费人对申请号（或专利号）标注顺序号的，按照标注的顺序分割费用；

缴费人未对申请号（或专利号）标注顺序号的，按照从左至右，从上至下的顺序分割费用。

造成其中部分专利申请（或专利）费用金额不足或者无费用的，视为未办理缴费手续。

④ 因银行或者邮局责任造成必要缴费信息不全被退款的情形。因银行或者邮局责任造成必要缴费信息（如申请号、费用名称等）不完整被退款，当事人提出异议的，应当以书面形式陈述意见，并附具汇款银行或者邮局出具的加盖公章的证明。该证明至少应当包括：汇款人姓名或者名称、汇款金额、汇款日期、汇款时所提供的申请号（或专利号）、费用名称等内容。同时当事人应当重新缴纳已被退回的款项。符合上述规定的，原缴费日视为重新缴纳款项的缴费日。

⑤ 缴费信息的补充。费用通过邮局或者银行汇付时遗漏必要缴费信息的，可以在汇款当日通过传真或者电子邮件的方式补充。补充完整缴费信息的，以汇款日为缴费日。当日补充不完整而再次补充的，以专利局收到完整缴费信息之日为缴费日。

补充缴费信息的，应当提供邮局或者银行的汇款单复印件、所缴费用的申请号（或专利号）及各项费用的名称和金额。同时，应当提供接收收据人的姓名或者名称、地址、邮政编码等信息。补充缴费信息如不能提供邮局或者银行的汇款单复印件的，还应当提供汇款日期、汇款人姓名或者名称、汇款金额、汇款单据号等信息。

⑥ 暂存。由于费用汇单字迹不清或者缺少必要事项造成既不能开出收据又不能退款的，应当将该款项暂存在专利局账户上。经缴款人提供证明后，对于能够查清内容的，应当及时开出收据或者予以退款。开出收据的，以出暂存之日为缴费日。但是，对于自收到专利局关于权利丧失的通知之日起 2 个月内向专利局提交了证据，表明是由于银行或者邮局原因导致汇款暂存的，应当以原汇出日为缴费日。暂存满 3 年仍无法查清其内容的，进行清账上缴。

（3）其他

以规定的其他方式缴纳。

2.7.2 费用的缴纳期限和过期的后果

费用的缴纳期限及过期的后果见表 2-2 和表 2-3。

表 2-2　费用的缴纳期限

费用种类	缴纳期限	后果	说明
申请费、申请附加费、公布印刷费	自申请日起 2 个月或者自收到受理通知书之日其 15 日内	视为撤回	申请附加费是指申请文件的说明书（包括附图、序列表）页数超过 30 页或者权利要求超过 10 项时需要缴纳的费用，该项费用的数额以页数或者项数计算 公布印刷费是指发明专利申请公布需要缴纳的费用
优先权要求费		视为未要求优先权	优先权要求费是指申请人要求外国优先权或者本国优先权时，需要缴纳的费用，该项费用的数额以作为优先权基础的在先申请的项数计算
发明专利实质审查费	自申请日（有优先权要求的，自最早的优先权日）起 3 年内	视为撤回	要求实质审查的，应提交实质审查请求书，并缴纳实质审查费
延长期限请求费	相应期限届满之日前	不予延长期限	该项费用以要求延长的期限长短（以月为单位）计算
回复权利请求费	自当事人收到专利局确认权利丧失通知之日起 2 个月内	不予恢复权利	请求恢复权利的，应提交恢复权利请求书，并缴纳费用
复审费	自申请人收到专利局作出的驳回决定之日起三个月内	视为未提出复审请求	对专利局的驳回决定不服提出复审的，应提交复审请求书，并缴纳复审费
专利登记费、授权当年的年费以及公告印刷费	自申请人收到专利局作出的授予专利权通知书和办理登记手续通知书之日起 2 个月内	视为放弃取得专利权的权利	
年费及其滞纳金	见后		
著录事项变更费、专利权评价报告请求费、无效宣告请求费	自提出相应请求之日起 1 个月内	视为未提出	

表 2-3 进入中国国家阶段的 PCT 申请费用的缴纳期限及过期的后果

费用种类	缴纳期限	结果	说明
宽限费	自优先权日起 32 个月内	在中国的效力中止	国际申请的申请人应当在专利合作条约第二条所称的优先权日(本章简称优先权日)起 30 个月内,向国务院专利行政部门办理进入中国国家阶段的手续;申请人未在该期限内办理该手续的,在缴纳宽限费后,可以在自优先权日起 32 个月内办理进入中国国家阶段的手续
改正译文错误手续费(即译文改正费)	在国务院专利行政部门做好公布发明专利申请或者公告实用新型专利权的准备工作之前	该申请视为撤回	
改正译文错误手续费(即译文改正费)	在收到国务院专利行政部门发出的发明专利申请进入实质审查阶段通知书之日起 3 个月内	该申请视为撤回	
单一性恢复费	应当在审查员发出的缴纳单一性恢复费通知规定的期限内	不具备单一性的部分视为撤回,且不得提出分案申请	

2.7.3 费用的数额

需要缴纳的费用及延长期限请求费的数额见表 2-4 和表 2-5。

表 2-4 费用的数额 单位:人民币元

项目	发明	实用新型	外观设计
申请费	900	500	500
文件印刷费	50		
说明书附加费 从第 31 页起每页 从第 301 页起每页	50 100	50 100	50 100

续表

项目		发明	实用新型	外观设计
权利要求附加费 从第11项起每项		150	150	150
优先权要求费每项		80	80	80
发明专利实质审查费		2500		
复审费		1000	300	300
著录事 项变更 手续费	发明人、申请人、 专利权人变更	200	200	200
	专利代理机构、代 理人委托关系变更	50	50	50
中止程序请求费		600	600	600
无效宣告请求费		3000	1500	1500
强制许可请求费		300	200	
强制许可使用费		300	300	
恢复费		1000	1000	1000

表 2-5　延长期限请求费的数额　　　　　单位：人民币元

项目	第一次延长期/月	再次延长期/月
延长期限请求费	300	2000

　　上表数据来源于"中华人民共和国国家知识产权局"网站（http：//www.sipo.gov.cn/）（网站首页＞专利申请指南＞专利申请的费用＞专利缴费指南）

2.7.4　费用的减缓

　　申请人（或专利权人）缴纳专利费用有困难的，可以根据专利费用减缓办法向专利局提出费用减缓的请求。请求减缓专利费用的，应当提交费用减缓请求书，如实填写经济收入状况，必要时还应附具有关证明文件。

（1）可以减缓的费用种类

　　申请费（不包括公布印刷费、申请附加费）；发明专利申请实质审查费；复审费；年费（自授予专利权当年起3年的年费）。

（2）　费用减缓的手续

提出专利申请时以及在审批程序中，申请人（或专利权人）可以请求减缓应当缴纳但尚未到期的费用。

① 费用减缓请求书。提出费用减缓请求的，应当提交费用减缓请求书，必要时还应当附具证明文件。

② 签字或盖章。费用减缓请求书应当由全体申请人（或专利权人）签字或者盖章；申请人（或专利权人）委托专利代理机构办理费用减缓手续并提交声明的，可以由专利代理机构盖章。委托专利代理机构办理费用减缓手续的声明可以在专利代理委托书中注明，也可以单独提交。

③ 费用减缓审批通知书。费用减缓请求符合规定的，审查员应当予以批准并发出费用减缓审批通知书，同时注明费用减缓的比例和种类；费用减缓请求不符合规定的，审查员应当发出费用减缓审批通知书，并说明不予减缓的理由。费用减缓审批通知书包括费用减缓比例、应缴纳的金额和缴费的期限以及相关的缴费须知。

不同的费用标准及减缓比例可参考表 2-6～表 2-10。

表 2-6　发明专利费用标准　　　　　　　　单位：人民币元

费用种类	发明专利	减缓比例			
		85%	70%	80%	60%
申请费	900	135	270		
文件印刷费	50	不予减缓			
说明书附加费 从第 31 页起每页 从第 301 页起每页	50 100	不予减缓			
权利要求附加费从第 11 项起每项	150	不予减缓			
优先权要求费每项	80	不予减缓			
审查费	2500	375	750		
维持费	300			60	120
复审费	1000			200	400

续表

费用种类	发明专利	减缓比例			
		85%	70%	80%	60%
著录事项变更手续费:发明人、申请人、专利权人变更专利代理机构、代理人委托关系变更	200 50	不予减缓			
恢复权利请求费	1000	不予减缓			
无效宣告请求费	3000	不予减缓			
强制许可请求费	300	不予减缓			
强制许可使用裁决请求费	300	不予减缓			
延长费:第一次延长期请求费每月再次延长期请求费每月	300 2000	不予减缓			
中止程序请求费	600	不予减缓			
登记印刷费	250	不予减缓			
印花费	5	不予减缓			
年费	年费标准见年费计算参考表				

表2-7 实用新型及外观设计专利费用标准　　单位:人民币元

费用种类	实用新型	外观设计	减缓比例			
			85%	70%	80%	60%
申请费	500	500	75	150		
权利要求附加费从第11项起每项	150	150	不予减缓			
说明书附加费 从第31页起每页 从第301页起每页	50 100	50 100	不予减缓			
优先权要求费每项	80	80	不予减缓			
著录事项变更手续费:发明人、申请人、专利权人变更专利代理机构、代理人委托关系变更	200 50	200 50	不予减缓			
复审费	300	300			60	120
恢复权利请求费	1000	1000	不予减缓			
无效宣告请求费	1500	1500	不予减缓			
强制许可请求费	200		不予减缓			
强制许可使用裁决请求费	300		不予减缓			
延长费:第一次延长期请求费每月再次延长期请求费每月	300 2000	300 2000	不予减缓			
中止程序请求费	600	600	不予减缓			
登记印刷费	200	200	不予减缓			
印花费	5	5	不予减缓			
检索报告费	2400		不予减缓			
年费	年费标准见年费计算参考表					

表 2-8 集成电路布图设计费用标准 单位：人民币元

费用种类	集成电路布图设计
登记费	2000
印花费	5
复审费	2000
恢复权利请求费	1000
著录事项变更手续费	100
延长费	300
非自愿许可请求费	300
非自愿许可请求的裁决请求费	300

表 2-9 发明专利年费计算参考表 单位：人民币元

对应年度		第1~3年	第4~6年	第7~9年	第10~12年	第13~15年	第16~20年
应缴年费金额	年费标准值	900	1200	2000	4000	6000	8000
	减70%年费标准值	270	360	600	1200	1800	2400
	减85%年费标准值	135	180	300	600	900	1200
5%滞纳金	应缴纳的滞纳金数额	45	60	100	200	300	400
	年费标准值＋滞纳金	945	1260	2100	4200	6300	8400
	减70%年费标准值＋滞纳金	315	420	700	1400	2100	2800
	减85%年费标准值＋滞纳金	180	240	400	800	1200	1600
10%滞纳金	应缴纳的滞纳金数额	90	120	200	400	600	800
	年费标准值＋滞纳金	990	1320	2200	4400	6600	8800
	减70%年费标准值＋滞纳金	360	480	800	1600	2400	3200
	减85%年费标准值＋滞纳金	225	300	500	1000	1500	2000
15%滞纳金	应缴纳的滞纳金数额	135	180	300	600	900	1200
	年费标准值＋滞纳金	1035	1380	2300	4600	6900	9200
	减70%年费标准值＋滞纳金	405	540	900	1800	2700	3600
	减85%年费标准值＋滞纳金	270	360	600	1200	1800	2400
20%滞纳金	应缴纳的滞纳金数额	180	240	400	800	1200	1600
	年费标准值＋滞纳金	1080	1440	2400	4800	7200	9600
	减70%年费标准值＋滞纳金	450	600	1000	2000	3000	4000
	减85%年费标准值＋滞纳金	315	420	700	1400	2100	2800
25%滞纳金	应缴纳的滞纳金数额	225	300	500	1000	1500	2000
	年费标准值＋滞纳金	1125	1500	2500	5000	7500	10000
	减70%年费标准值＋滞纳金	495	660	1100	2200	3300	4400
	减85%年费标准值＋滞纳金	360	480	800	1600	2400	3200

表 2-10 实用新型、外观设计专利年费计算参考表 单位：人民币元

对应年度		第1~3年	第4~5年	第6~8年	第9~10年
应缴年费金额	年费标准值	600	900	1200	2000
	减70%年费标准值	180	270	360	600
	减85%年费标准值	90	135	180	300

续表

对应年度		第1～3年	第4～5年	第6～8年	第9～10年
5%滞纳金	应缴纳的滞纳金数额	30	45	60	100
	年费标准值＋滞纳金	630	945	1260	2100
	减70%年费标准值＋滞纳金	210	315	420	700
	减85%年费标准值＋滞纳金	120	180	240	400
10%滞纳金	应缴纳的滞纳金数额	60	90	120	200
	年费标准值＋滞纳金	660	990	1320	2200
	减70%年费标准值＋滞纳金	240	360	480	800
	减85%年费标准值＋滞纳金	150	225	300	500
15%滞纳金	应缴纳的滞纳金数额	90	135	180	300
	年费标准值＋滞纳金	690	1035	1380	2300
	减70%年费标准值＋滞纳金	270	405	540	900
	减85%年费标准值＋滞纳金	180	270	360	600
20%滞纳金	应缴纳的滞纳金数额	120	180	240	400
	年费标准值＋滞纳金	720	1080	1440	2400
	减70%年费标准值＋滞纳金	300	450	600	1000
	减85%年费标准值＋滞纳金	210	315	420	700
25%滞纳金	应缴纳的滞纳金数额	150	225	300	500
	年费标准值＋滞纳金	750	1125	1500	2500
	减70%年费标准值＋滞纳金	330	495	660	1100
	减85%年费标准值＋滞纳金	240	360	480	800

上表数据来源于"中华人民共和国国家知识产权局"网站（"中华人民共和国国家知识产权局"网站首页（http：//www.sipo.gov.cn/）＞专利申请指南＞专利申请的费用＞专利缴费指南），其中数值为2008年修订的，如费用标准调整，以新标准为准。

2.7.5 费用的查询

当事人需要查询费用缴纳情况的，未收到专利局收费收据时，提供银行汇单复印件或者邮局汇款凭证复印件；

已收到专利局收费收据时，提供收据复印件。查询时效为一年，自汇出费用之日起算。

2.7.6 退款

（1） 退款的情形

① 当事人可以请求退款的情形。多缴、重缴、错缴专利费用的，当事人可以自缴费日起3年内，向国务院专利行政部门提出退款请求，应提交意见陈述

书，并提交"国家知识产权局专利收费收据"复印件。

② 专利局主动退款的情形。专利申请已被视为撤回或者撤回专利申请的声明已被批准后，并且在专利局作出发明专利申请进入实质审查阶段通知书之前，已缴纳的实质审查费；在专利权终止或者宣告专利权全部无效的决定公告后缴纳的年费；恢复权利请求审批程序启动后，专利局作出不予恢复权利决定的，当事人已缴纳的恢复权利请求费及相关费用。

（2）　退款的手续

① 退款请求的提出。退款请求人应当是该款项的缴款人，若不是，则需应当声明是受缴款人委托办理退款手续。请求退款应当书面提出、说明理由并附具相应证明，例如，专利局开出的费用收据复印件、邮局或者银行出具的汇款凭证等。提供邮局或者银行的证明应当是原件，不能提供原件的，应当提供经出具部门加盖公章确认的或经公证的复印件。

退款请求应当注明申请号（或专利号）和要求退款的款项的信息（如票据号、费用金额等）及收款人信息。当事人要求通过邮局退款的，收款人信息包括姓名、地址和邮政编码；当事人要求通过银行退款的，收款人信息包括姓名或者名称、开户行、账号等信息。

② 退款的处理。退款请求中未注明收款人信息的，退款请求人是申请人（或专利权人）或专利代理机构的，专利局按照文档中记载的相应的地址和姓名或者名称退款。完成退款处理后，审查员应当发出退款审批通知书。经核实不予退款的，审查员应当在退款审批通知书中说明不予退款的理由。

（3）　退款的效力

被退的款项视为自始未缴纳。

（4）　不予退款的情形

① 对多缴、重缴、错缴的费用，当事人在自缴费日起 3 年后才提出退款请求的。

② 当事人不能提供错缴费用证据的。

③ 在费用减缓请求被批准之前已经按照规定缴纳的各种费用，当事人又请求退款的。

第3章 专利申请的审批和申请后的手续

3.1 专利申请的审批程序

发明专利申请的审批程序包括：受理、初步审查（初审）、公布、实质审查（实审）和授权；实用新型或者外观设计专利申请包括受理、初步审查（初审）和授权。以下对照图 3-1 对专利审批程序作介绍。

3.1.1 专利申请受理阶段

见第 2 章相关内容。

3.1.2 初步审查阶段

（1）发明专利申请初步审查的启动

专利申请文件被受理的，专利申请按照规定缴纳申请费、公布印刷费和必要的申请附加费的，自动进入初步审查阶段。发明专利申请初步审查的主要任务是审查申请文件的形式、申请文件的明显实质性缺陷、其他文件的形式及有关费用。

（2）实用新型或外观设计专利申请初步审查的启动

专利申请文件被受理的，专利申请按照规定缴纳申请费、必要的申请附加费的，自动进入初步审查阶段。实用新型和外观设计专利申请经初步审查没有发现驳回理由的，由国务院专利行政部门作出授予实用新型专利权或者外观设计专利权的决定，发给相应的专利证书，同时予以登记和公告。实用新型专利权和外观设计专利权自公告之日起生效。

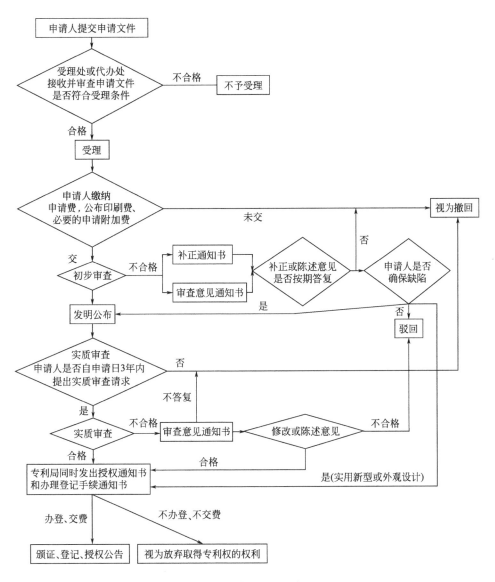

图 3-1　专利申请的审批程序流程图

3.1.3　发明专利申请公布阶段

（1）　满 18 个月即行公布

专利局收到发明专利申请后，经初步审查认为符合《专利法》要求的，自申请日（有优先权的，为优先权日）起满 18 个月，即行公布。

（2） 提前公布

专利局可以根据申请人的请求早日公布其申请。申请人提出提前公布声明不能附有任何条件。提前公布声明只适用于发明专利申请。

① 提出的时间。在法定公布期限届满前，可以在提出申请时提出，也可以在审查过程中提出。符合规定的，在专利申请初步审查合格后立即进入公布准备。进入公布准备后，申请人要求撤销提前公布声明的，该要求视为未提出，申请文件照常公布。

② 发明专利请求提前公布声明。申请人应当提交"发明专利请求提前公布声明"，不需要缴纳费用。

（3） 发明专利申请公布后的效力

① 申请公布以后，申请记载的内容就成为现有技术的一部分。

② 临时保护。发明专利申请公布以后，申请人就获得了临时保护的权利。发明专利申请公布后，申请人可以要求实施其发明的单位或者个人支付适当的费用。

③ 抵触申请。任何单位或者个人就同样的发明或者实用新型在申请日以前向专利局提出并且在申请日以后（含申请日）公布的专利申请文件或者公告的专利文件损害该申请日提出的专利申请的新颖性。在判断新颖性时，将这种损害新颖性的专利申请，称为抵触申请。

3.1.4 发明专利申请实质审查阶段

只有发明专利申请需要进行实质审查。

（1） 实质审查程序的启动

发明专利申请公布以后，申请人提出了实质审查请求［实质审查请求应当在自申请日（有优先权的，指优先权日）起 3 年内提出］，并在此期限内缴纳实质审查费，申请进入实审程序。申请人未在规定的期限内提交实质审查请求书或者实审请求未生效的，或者未在规定的期限内缴纳或者缴足实质审查费的，该申请被视为撤回。

（2） 实质审查请求的提出时机

申请人可以自申请日（有优先权的，指优先权日）起 3 年内提出实质审查请求，在此期限内进行调查研究，判断该发明专利申请的价值。从而决定是否向专利局提出实质审查请求，缴纳实质审查费。

（3）发明专利申请进行实质审查的目的

发明专利申请进行实质审查的目的是确定其是否符合《专利法》有关新颖性、创造性和实用性的规定，确定是否应当被授予专利权。

（4）流程（审查意见通知书、视为撤回、驳回、授权）

在实质审查过程中，审查员通常会在检索后再作出审查意见通知书。经审查认为不符合授权条件或者存在各种缺陷的，审查员应当发出审查意见通知书，通知申请人在规定的时间内陈述意见或进行修改。申请人逾期不答复的，申请被视为撤回。经过至少一次答复或修改，申请仍不符合要求的，予以驳回。发明专利申请经实质审查没有发现驳回理由的，专利局应当作出授予发明专利权的决定。

3.1.5 授权阶段

（1）授予专利权和办理登记手续的通知

发明专利申请经初步审查和实质审查，实用新型和外观设计专利申请经初步审查，没有发现驳回理由的，专利局同时发出"授予专利权通知书"和"办理登记手续通知书"。申请人应当在收到该通知之日起 2 个月内办理登记手续。

（2）登记手续

申请人在办理登记手续时，应当按照办理登记手续通知书中写明的费用金额缴以下费用：缴纳专利登记费、授权当年（办理登记手续通知书中指明的年度）的年费、公告印刷费和专利证书印花税。

（3）颁发专利证书、登记和公告授予专利权

申请人在规定期限之内办理登记手续的，专利局将颁发专利证书，并同时在"专利登记簿"和《专利公报》上予以登记和公告，专利权自公告之日起生效。

> 注意：颁发专利证书、登记和授权公告是同时发生的。

（4）视为放弃取得专利权的权利

申请人未按规定办理登记手续的，视为放弃取得专利权的权利。

3.2　审批程序中手续的一般要求

3.2.1　手续的形式

（1）　书面形式（除另有规定的之外）

（2）　使用标准表格和没有标准表格的

① 标准表格。有标准表格应当使用专利局制定的标准表格。标准表格下载位置："中华人民共和国国家知识产权局"网站首页（http：//www. sipo. gov. cn/）＞专利申请指南＞表格下载。

> ➤标准表格按照标准表格中的注意事项填写，并且应当有请求人签字或盖章。
>
> ➤一张表格只允许办理一件专利申请的一项手续。

② 没有标准表格的

> 写明内容；写明申请号和发明创造名称；写明申请人的姓名或名称；写明恰当的标题；请求人签字或盖章。

（3）　电子申请形式

《专利法》及其《实施细则》规定的各种手续，应当以书面形式或者专利局规定的其他形式办理，专利局规定的其他形式包括电子文件形式。

电子申请是指以互联网为传输媒介将专利申请文件以符合规定的电子文件形式向专利局提出的专利申请。申请人需要先在专利局办理"电子申请用处注册"，并得到相关的文件后，才能够登陆中国专利电子申请网（www. cponline. gov. cn）提交电子专利申请。

涉及国家安全或者重大利益需要保密的专利申请，只能通过纸件的方式提交专利文件。

3.2.2　手续的提交

（1）　提交对象

应当提交给专利局受理处。

> 注意：代办处不能受理专利申请被受理后提交的其他文件。见"2.5.2专利申请的受理部门"。

（2）当面提交的注意事项

不得将几项手续文件装订在一起；应当有"文件清单"。

（3）邮寄的注意事项

一件信函中应当只包含同一申请的文件，一件信函中可以包含同一件申请的几项手续文件；不得将几项手续文件装订在一起；应当有"文件清单"。

3.2.3　手续的费用和期限

办理各种手续应当提交相应的文件，缴纳相应的费用，并且符合相应的期限要求。

（1）手续的费用

① 只有申请人按规定缴纳费用以后，手续才生效。

② 申请人应当写明费用用途、申请号、申请人姓名或者名称、金额及缴费人姓名、地址和电话。

（2）手续的期限

① 法定期限。法定期限是指《专利法》及其《实施细则》规定的各种期限。例如，发明专利申请的实质审查请求期限、申请人办理登记手续的期限。

> 注意：法定期限的手续，必须在期限届满之前办理，逾期办理的手续被视为未提出。

②指定期限。指定期限是指审查员在根据《专利法》及其《实施细则》作出的各种通知中，规定申请人（或专利权人）、其他当事人作出答复或者进行某种行为的期限。

3.2.4　明确各种手续的请求

申请人办理各种手续应当提出明确请求，不得使用模棱两可的或者有先决条件的语言。例如，某申请人在要求提前公布声明中写有："若本申请有希望批准，请予提前公布"，或者在补正书中写上："若审查员认为补正超了范围，则请转受理处作为新申请。"对一类手续或请求，专利局将视为未提出。

3.2.5　证明文件和签章

（1）证明文件

各种证明文件应当由有关主管部门出具或者由当事人签署。各种证明文件应当提供原件；证明文件是复印件的，应当经公证或者由主管部门加盖公章予以确认（原件在专利局备案确认的除外）。

（2）签章

向国务院专利行政部门提交申请文件或者办理各种手续，应当由申请人、专利权人、其他利害关系人或者其代表人签字或者盖章；委托专利代理机构的，由专利代理机构盖章。各种手续的签字或者盖章应当与请求书中填写的完全一致。

3.2.6　手续文件的法律效力

申请人提交的手续文件，一经专利局批准（有的还需经公告）即产生法律效力。手续生效以后，申请人不得要求取消该手续。例如，申请人提出"要求撤回专利申请声明"并经专利局批准以后，不得要求取消该撤回声明。申请人办理的各种手续生效后，对申请人及其继受人具有法律约束力。

3.3　审查程序中的主要手续

审查程序中的主要手续包括下述两种。

（1）法律规定或者专利局指定申请人应当办理的申请审批手续

这类手续无正当理由不办理或者逾期办理的，申请将被视为撤回的手续。包括：提出实质审查请求、答复专利局的各种通知书、缴纳申请维持费。

（2）申请人可以依据法律规定，视需要选择办理的请求手续

这类手续这如果不符合要求，视为未提出，一般不会涉及申请本身。包括：对申请文件的主动修改和补正、要求提前公布请求、著录项目变更申报和延长期限请求。

以下对这几种手续分别进行说明。

3.3.1　提出实质审查的请求

发明专利的申请人请求实质审查的时候，应当提交在申请日前与其发明有关的参考资料。

发明专利已经在外国提出过申请的，国务院专利行政部门可以要求申请人在指定期限内提交该国为审查其申请进行检索的资料或者审查结果的资料；无正当理由逾期不提交的，该申请即被视为撤回。

3.3.2　答复国家知识产权局专利局的各种通知书

申请人在收到"补正通知书"或者"审查意见通知书"后，应当在指定的期限内补正或者陈述意见。

3.3.2.1　补正通知书

在进行实质审查之前的初步审查阶段，如果申请文件存在形式或手续方面的问题，审查员会发出补正通知书。在答复补正通知书时，申请人应消除审查员在补正通知书中指出的形式缺陷，并将修改后的内容以修改文件替换页的方式，连同补正书一同提交给专利局。其中，补正书可以由申请人从专利局的官方网站下载并自行填写和打印。

实践中，为消除补正通知书指出的形式缺陷，申请人除提交上述补正书以外，通常还应当提交以下几种类型的文件。

（1）　此前未提交过的文件

这类文件包括两种：第一种是由于申请日或者补正过程中提交遗漏的申请文件（例如，申请日提交的申请文件中遗漏了摘要附图时，须提交摘要附图）及其相关内容的文件（例如，申请日提交的说明书附图中遗漏了一幅或多幅附图时，须提交被遗漏的一幅或多幅附图文件）；第二种是法律证明类文件（例如，聘请代理负责处理专利申请而未提交委托书的应提交委托书；要求国外优先权的应提交优先权证明文件；对于涉及核苷酸或者氨基酸序列的申请未提交计算机可读形式的副本或者所提交的副本与说明书中的序列表明显不一致的，应当提交与该序列表相一致的计算机可读形式的副本）。

（2） 此前提交过但其中存在填写错误或漏填项目的文件

这种类型的文件包括存在明显排版错误的申请文件、重新填写专利申请请求书（例如，发明人应当为个人，而申请人在申请日提交申请文件时将其错误地写成了"××项目组"；请求书中申请日填写错误的）等。

（3） 针对申请文件， 提交修改文件的替换页

例如，说明书附图中的文字、附图标记和线条模糊不清的；附图背景带有明显灰度的；申请文件版心四周带有框线的。

> 应当注意的是： 如果审查员针对某个缺陷已经发出过两次补正通知书， 而且在答复第二次补正通知书时， 申请人陈述的意见或者补正后的修改文件替换页仍然没有消除该缺陷的， 审查员是可以做出驳回决定。因此， 申请人应当主动把握住每一次答复补正通知书的时机， 尽可能地在答复补正通知书时一次性地消除补正通知书中涉及的缺陷。

3.3.2.2 审查意见通知书

审查意见通知书包括两种：第一种是在进行实质审查之前的初步审查阶段中针对明显实质性缺陷提出审查意见的审查意见通知书；第二种是在进入实质审查阶段后针对权利要求书和/或说明书指出实质性缺陷的审查意见通知书。

（1） 初步审查阶段的审查意见通知书

第一种审查意见通知书，是初步审查中，对于申请文件存在不可能通过补正方式克服的明显实质性缺陷的专利申请，审查员发出的审查意见通知书。

这里的明显实质性缺陷是指在包括权利要求书、说明书及其附图和摘要等文件中明显存在的缺陷，且其严重程度通常达到影响申请文件公布的程度。例如：申请文件中包括一些明显违反国家法律、社会公德或者妨害公众利益的内容以及明显不属于《专利法》保护范围的内容。其中的法律是指由全国人民代表大会或者全国人民代表大会常务委员会依照立法程序制定和颁布的法律，不包括行政法规和规章；社会公德的内容仅限于中国内地；妨害公共利益是指发明创造的实施或使用会给公众或社会造成危害或者会使国家和社会的正常秩序受到影响。

由此可见，对于初步审查阶段由审查员发出的审查意见通知书，其答复或修改的难度通常高于所说的补正通知书所针对的形式或手续方面的问题。

在答复这类审查意见通知书时，申请人应消除审查员在审查意见通知书中指出的针对明显实质性缺陷的形式缺陷，并将修改后的内容以申请文件替换页的方式连同从专利局网站上下载并填写的意见陈述书表格一并提交给专利局。

实践中，第一种审查意见通知书通常涉及《专利法》第二条第 2 款、专利法第五条、第二十五条、第三十一条第 1 款、第三十三条提到的缺陷。答复时，申请人应当针对通知书中提出的问题和阐述问题的逻辑推理过程，严格依照申请文件记载的内容陈述意见并进行适当的修改。做出的修改不能超出原申请文件记载的范围。一般而言，除非是申请文件的全部内容确实涉及专利法第二条第 2 款、专利法第五条、第二十五条规定的不被允许的情形，否则通常是能够被克服和被专利局接受的，例如通过删除相关部分的段落和内容的方式。

（2）　实质审查阶段的审查意见通知书

第二种审查意见通知书，是在发明或实用新型的实质审查阶段，由审查员发出的、主要指出权利要求书和/或说明书的实质性缺陷的审查意见通知书。这里的实质性缺陷是涉及《实施细则》第五十三条规定的情形的缺陷，具体地说，包括两类缺陷，分别是：第一类缺陷，影响专利申请被授予专利权的实质性缺陷：；第二类缺陷，影响专利申请授权文本质量的形式缺陷。

第一类缺陷的答复难度高于第二类缺陷，因此相应地应当对第一类缺陷给予更高程度的重视。但总体而言，二者有如下共同需要注意的一般原则。

① 应当以尊重的态度和平和的语言撰写答复意见

无论审查意见通知书中指出的第一类缺陷和（或）第二类缺陷是否准确和恰当，在答复时应当保持最基本的公文礼仪，体现出申请人答复审查意见时是对审查员持有尊重的态度。有时，即使审查员的理解偏颇程度较大，在进行意见陈述时也应当尽可能客观地依据申请文件和现有技术的状况，据理力争。不应采用蔑视、侮辱、歧视、甚至带有人身攻击性质的语言撰写答复意见。

② 应当站在本领域技术人员的角度进行论述

申请人在作答时，对于审查员引用的对比文件是否适当、将其中的技术特征进行特征对比、对于技术问题、技术效果的判断是否正确等问题，应当站在本申请的申请日以前的现有技术高度和在此时间点的本领域技术人员的角度加以理解和判断。例如，在创造性评价过程中审查员依据权利要求 1 与最接近现有技术文献之间的区别技术特征确定实际解决的技术问题时出现了偏颇时，应当根据本领域技术人员在申请日以前的状况通过逻辑性的说理来重新阐述实际解决的技术问题。尤其是对于常用技术手段等公知常识的认定，建议申请人以本领域申请日以前的现有技术状况为背景，适当地列举此时的现有技术中实际采用的公知常识的实际情况的书面证据（例如期刊等）。

③ **应当采用逻辑性强的行文结构**

首先，对于开头和结尾应采用规范的公文撰写习惯来组织语言，例如开头可以写为"尊敬的审查员，您好！"，而结尾应以"此致 敬礼"和日期结束。

其次，正文部分，尽量采用"总—分—总"这种逻辑性较强的结构来组织意见的行文。

第一个"总"是"总起"，要表明意见陈述是承接审查员发出的审查意见通知书，例如："本意见陈述书是针对审查员于××××年×月×日发出的第×次审查意见通知书做出的"。若存在修改替换的文本，可以增加"并随此意见陈述书附上新修改的权利要求书和修改后的说明书替换页第×至第×页"之类的语言。

行文结构的主体应当为上述"分"所指代的部分，即前面指出的针对审查意见通知书中提出的意见做出的全面答复，其中既包括对审查员在审查意见通知书中指出的审查意见本身提出的质疑，也包括站在本领域技术人员的角度对通知书中引入的对比文件和现有技术的评价。这部分常以"申请人仔细地研究了您对本案的审查意见（或者是第几次通知），针对该审查意见所指出的问题，申请人对申请文件作出了修改并陈述意见如下"之类的语句开头，并以对该部分的内容的总结为结尾，例如"综上所述，本申请权利要求1～10相对于对比文件1、对比文件2和本领域公知常识的结合均具备创造性，符合《专利法》第二十二条第3款的规定"。

第二个"总"是"总结"，要向审查员提出良好的期望。例如："申请人相信，修改后的权利要求书已经完全克服了第×次审查意见通知书中指出的新颖性和创造性问题，并克服了其他一些形式缺陷，符合《专利法》及其《实施细则》和《审查指南》的有关规定。如果审查员在继续审查过程中认为本申请还存在其他缺陷，敬请联系本代理人，申请人及本人将尽力配合审查员的工作。"

此外，出于与审查员沟通方便考虑以及帮助审查员提高审查效率，笔者建议申请人留下姓名和联系电话，以有利于审查员联系。

④ **应当针对审查意见通知书中提出的意见逐条作答**

这里包含两层意思：其一是不论审查意见通知书表格结尾给出的审查结论是否有授权前景，对于实质性缺陷和形式缺陷均应当在意见陈述书中作出答复，否则将导致审查员再次发出通知书，且对于相同缺陷提出两次审查意见而未得到克服的，审查员可能做出驳回决定。

在意见陈述书中，通常可以先针对完全接受的审查意见进行答复，即如前面所指出的首先说明按照通知书的意见对申请文件作了哪些修改，这样一开始就给审查员一个愿意配合进行修改的印象。然后再对有不同看法的审查意见进行有说服力的争辩，尤其该不同看法为涉及申请人应得专利权的关键性实质性缺陷时，通常应当放在最后进行争辩。按这样的顺序答复呈现出类似于"一问一答"或者"积极主动配合审查员工作"的效果，有利于与审查员的意见交流，也为下一步争取与审查员会晤或再争取一次答复意见机会创造条件。

其二是建议对于审查意见通知书中提出的缺陷逐一作答。这样做的好处是既能够使得意见陈述书的答复文本条理清晰，能够更好地体现论述的层次感，而且能够辅助审查员有针对性地关注各审查意见的答复情况，提高对申请人陈述的意见的敏感度，尤其是在审查员处理第二次审查意见通知书或其后续审查意见通知书的意见陈述时能够关注到申请人着重强调的焦点内容，从而更充分地考虑到申请人的关切。例如在论述原独立权利要求或新修改的独立权利要求具有新颖性、创造性时，应当如前面所述分三个层面进行论述，而不要只将独立权利要求的技术方案分别与各篇对比文件相比指出差别后就得出具有新颖性、创造性的结论。因为该独立权利要求的技术方案分别与各篇对比文件相比具有差别仅能证明其有新颖性而不能证明其有创造性，应当在此基础上将该权利要求的技术方案与几篇对比文件结合起来进行对比分析。同样，在将几篇对比文件结合起来分析有无创造性时也要先确定最接近对比文件，再指出差别，最后通过说明未给出结合启示而得出具有创造性的结论。

⑤ 对于审查意见表示同意的审查意见通常忽略回应，反之则应认真作答

无论是对于新颖性、创造性等实质缺陷的审查意见，还是对于语句不通顺等形式缺陷的审查意见，只要申请人认同该审查意见，则通常在答复审查意见通知书时，不需要对该审查意见做出任何回应。这种做法常见于司法程序，而作为专利审查这种行政性行为早已经融入到其中并在诸多方面带有司法程序中某些程序（例如，听证原则、禁止反悔原则等）的延伸。实践中，这种做法不但从法理上讲得通，而且也有利于申请人提高答复通知书时撰写答复意见的效率以及便于同审查员在后续审查过程中针对双方存在争议的问题进一步陈述观点和依据。

反之，对于与审查员指出的缺陷存在分歧的审查意见，则应当在遵循前述的各条一般原则的基础上，站在本领域技术人员的角度，依据申请文件、对比文件、《审查指南》等据理力争，争取获得保护范围尽可能大的专利权。由于在专利侵权诉讼中适用禁止反悔原则，因而在专利申请审查过程中对权利要求书所进行的、限制其保护范围的修改以及在意见陈述书中所作的限制性解释均成为专利侵权诉讼中确定其专利权保护范围的依据，那时就不能再对其作出与此相反的扩大性解释。因而在发明专利申请答复审查意见通知书时一定要十分慎重，正确处理好为委托人争取早日授权和争取最大权益的平衡关系。

⑥ **注意以申请文件记载的内容为基础和范围进行修改**

可以说，《专利法》第三十三条关于修改的规定是不论针对哪类缺陷作答时，只要涉及对申请文件的修改就必然会遇到的一条规定。依据 2010 年《专利法》，其规定具体为：申请人可以对其专利申请文件进行修改，但是，对发明和实用新型专利申请文件的修改不得超出原说明书和权利要求书记载的范围，对外观设计专利申请文件的修改不得超出原图片或者照片表示的范围。简言之，《专利法》第三十三条规定了修改后的内容必须从原申请文件中直接地、毫无疑义地确定。

一个典型的例子是：申请人熟知其申请的技术方案，但在申请文件中却因为对《专利法》及其《实施细则》理解偏差、重视程度、撰写技巧等原因而没有充分地展示其方案的某些内容和（或）技术效果，例如未记载关键技术特征或者技术效果，或者记载的方法中一些步骤之间彼此的顺序存在错误。在接收到审查员发出的审查意见通知书后，发现其答复要点来源于申请文件记载范围以外的、属于申请人实际的技术方案，于是将未记载在申请文件中的内容直接添加到申请文件中，并据此抗辩。显然这种做法是违背《专利法》第三十三条关于修改的规定的。

实践中还有一个关于说明书附图的常见误解，即认为其中的部件连接关系和相对尺寸和（或）比例是能够作为修改申请文件中文字内容的依据的。从《专利审查指南》有关附图的阐述中，申请人应当明确附图的作用是"补充性"的，其表达的范围必须依赖于申请文件中文字记载的范围。

实际上，对于附图可以做出的修改，常见的情况包括：删除附图中不必要的词语和注释，可将其补入说明书文字部分之中；修改附图中的标记使之与说明书文字部分相一致；在文字说明清楚的情况下，为使局部结构清楚起见，允许增加局部放大图；修改附图的阿拉伯数字编号，使每幅图使用一个编号。

此外，申请人还应当认识到：《专利法》在这里的规定实际上表明了修改专利文件的方式可能存在多种合法合理的具体形式，对不同的申请文件和技术方案，申请人不必拘泥于相同的修改方式。

⑦ 以做出修改文本为准

尽管有时根据具体申请文件和审查员的处理情形，审查员会充分考虑申请人提交的申请文件的修改情况与其在意见陈述书中做出的答复意见不一致的地方，并再次给予申请人修改和（或）陈述意见的机会，但大多数情况下，审查员在收到申请人提交的意见陈述书和申请文件的替换文本时，是以替换文本为准来判断申请人是否克服了审查意见通知书中指出的缺陷的。因此，申请人在对审查意见通知书作答时，应尽可能地使意见陈述书中表达出的修改内容体现于同时提交的申请文件替换文本中。

上面 7 点原则对答复两类缺陷时容易出现的问题做了总结和概括。此外，在针对上述两类缺陷作答时，还应充分注意到其各自的特点，加以区分。下面分别介绍答复这两类缺陷时应当注意的原则，并重点介绍对于第一类缺陷的答复原则。

对于实质性缺陷，应当注意以下原则。

① 对于实质性缺陷有关的审查意见应进行独立、 客观的思考和判断

对于不符合有关《专利法》授权客体的规定、说明书公开不充分、权利要求缺乏新颖性和（或）创造性等实质性缺陷，申请人首先应当理清审查员分析问题的思路，冷静地分析其中涉及的事实认定和逻辑推理是否完全正确，而且有时还要站在本领域技术人员的角度以申请文件和对比文件（必要时，还要考虑公知常识）为基础依照《专利法》及其《实施细则》以及《审查指南》的规定自行进行事实认定、逻辑推理和判定。不加分析地按照通知书的意见修改申请文件固然能争取早日取得专利，但在不少情况下会牺牲申请人自身本来有可能取得更宽的专利权保护范围，降低申请人付出创造性劳动后应当获得的相应权利，甚至因此而无法恰当地保护到申请人实际技术方案的核心部分或申请人自己期望获得的技术方案。

由于每位审查员负责审查的领域较宽，不可能对其审查的每个申请案所涉及的技术内容都十分熟悉，对有些申请案技术内容还不一定完全理解，这样在一些通知书中虽然指出了一些实质性缺陷，如说明书未充分公开、权利要求书未以说

明书为依据、权利要求未清楚限定发明等，而实际上是想听取申请人的意见再确定在什么样的保护范围内给予专利保护，更何况审查工作中也难免有失误，所以出现与通知书中不同的意见是正常的。申请人通常作为本领域技术专家或研究人员，在接到审查意见通知书后，就应当如前面所指出的那样，认真阅读审查意见通知书。若经过仔细分析，确实认为申请可以取得更宽一些保护范围的话，应当勇于为自身的利益进行充分的抗辩，不必单纯为追求加快审查进程而使专利得不到应有的、充分的保护。

② 注意禁止反悔原则

而对于实质性缺陷，多半会影响本专利申请的保护范围，应当判断通知书中的意见是否有道理。只有通过分析认为通知书中的意见完全正确时，才按照通知书的要求进行修改以获得早日授权。否则，就应当设法争取最宽的保护范围，在这种情况下一定要根据具体案情确定是否缩小保护范围或者确定部分缩小保护范围，与此同时，在意见陈述书中充分论述理由，尤其注意在陈述意见时不要作出不必要的限制性解释。

由于对专利申请文件中的技术术语、技术手段等可能存在含义和作用等方面，审查员与申请人之间可能存在不同的认识，申请人在一些急于获得专利权或者由于疏忽的缘故，可能对这些方面做出不适当的限制性解释。这种解释通常能够迎合审查员的审查意见或者有利于帮助申请人尽快地获得专利权，但往往在后续侵权判定或者无效判定的过程中为申请人设置维权障碍：复审员或法官会将意见陈述书中对于技术方面的含义、原理和作用，乃至申请人陈述的现有技术状况作为决定或判决的重要参考，而申请人即使发现其并非实际情况，也通常难以证明，或者将在后续付出巨大的司法成本才能够更正复审员或法官的认识。因此，对于在意见陈述书中加以解释的语句和措辞，一定要结合审查员的审查思路、专利审查相关法规的内容以及现有技术的情况做出适当的、有力的陈述，避免轻易地断言申请文件中的某些技术及其起到的作用。

③ 除说明书本身存在实质性缺陷外，应当针对权利要求书重点作答

由于发明专利权的保护范围以其权利要求的内容为准，专利侵权诉讼中主要依据权利要求书、尤其是独立权利要求来确定专利保护范围和确定是否侵权，因而发明实质审查主要针对权利要求书进行。鉴于此，除了专利申请主要仅存在说明书本身的实质性缺陷外，意见陈述书中应当重点放在对权利要求的争辩上，尤其是放在论述修改后的权利要求符合《专利法》及其《实

施细则》的规定上。

对于通知书中指出独立权利要求及其从属权利要求缺少新颖性、创造性的情况，不应当仅在意见陈述书中论述说明书中的具体实施方式相对于现有技术具有新颖性、创造性的理由而不去修改独立权利要求。因为这样的论述仅能证明说明书中所描述的本发明相对于现有技术具有新颖性和创造性，并不能证明原独立权利要求具有新颖性、创造性，如果原独立权利要求不具有新颖性或创造性，则该专利申请仍不能授予专利权。所以，在此时还应当再继续分析原独立权利要求是否具有新颖性、创造性，并在此基础上确定是否需要修改权利要求书。通过分析若认为原独立权利要求无新颖性或创造性，就应当修改权利要求书，改写新的独立权利要求，使其相对于通知书引用的对比文件具有新颖性和创造性，在这种情况下需要在意见陈述书中论述新修改的独立权利要求相对于通知书中引用的对比文件具有新颖性、创造性的理由。相反，若通过分析认为原独立权利要求具有新颖性和创造性，那么应当在意见陈述书中论述原独立权利要求具有新颖性、创造性的理由。

同样，对于通知书中指出的权利要求书未以说明书为依据、权利要求未清楚限定发明、独立权利要求缺乏必要技术特征以及权利要求之间缺乏单一性等实质性缺陷时，在意见陈述书中也应当争辩该权利要求不存在所指出的实质性缺陷或修改的权利要求已克服所指出的实质性缺陷的理由，而不是仅针对说明书进行分析。

下面，通过一些例子进一步说明。

保护的主题不属于专利保护客体的审查意见的答复思路示例

对于不属于专利保护客体的情况，主要应当依据《审查指南》中对相应《专利法》及其《实施细则》有关条款的解释说明专利申请不属于《专利法》及其实施细则规定的排除在专利权保护范围以外的客体。

说明书未进行充分公开的审查意见的答复思路示例

对于说明书未充分公开发明的情况，主要应当争辩本领域的技术人员根据说明书和权利要求书记载的内容能实现本发明，或者争辩通知书中所认定的未公开的内容属于本领域的公知常识，对于后者，最好能提供证据加以证明。

某独立权利要求不具备新颖性的审查意见的答复思路示例

新颖性的判断原则为单独对比原则，即逐篇比较对比文件和独立权利要求的技术方案的区别，从而说明该技术方案相对每一篇对比文件具有新颖性。

举例说明：审查员在审查意见通知书中指出原独立权利要求相对对比文件1和对比文件2无新颖性，在将原权利要求修改后要分别指出：

修改后的独立权利要求相对于对比文件1具有新颖性（直接给出与对比文件1的技术特征之间的单独对比）：对比文件1公开了一种技术方案，但没有公开独立权利要求中的A技术特征。

修改后的独立权利要求相对于对比文件2具有新颖性（直接给出与对比文件2的技术特征之间的单独对比）：

对比文件2公开了一种的技术方案，但没有公开新权利要求1中的A技术特征和（或）B技术特征。

由于独立权利要求具有新颖性，故其从属权利要求也具有新颖性。

在发明专利申请中申请文件只具有新颖性是不够的，还必须具有创造性。

某独立权利要求不具备创造性的审查意见的答复思路示例

创造性一般是审查员将几篇对比文件和公知常识等结合起来判断申请文件的技术方案是否具有创造性。因此一般常按照以下几步进行答复。

确定最接近现有技术。在审查意见通知书所提供的对比文件中，由于对比文件与本发明技术领域相同，要解决的技术问题相同（相近），且公开的技术特征与新权利要求1公开的技术特征最接近，因此确定对比文件为最接近现有技术。

与最接近现有技术对比，找出区别技术特征，以及该区别技术特征的引入解决了怎样的技术问题。修改后的独立权利要求1与最接近现有技术对比文件1相比，区别技术特征在于。该区别技术特征的引入取得了技术效果，从而解决了技术问题。

最接近的对比文件没有给出用该区别技术特征解决上述技术问题的技术启示，以及其他对比文件或者最接近的对比文件与其他对比文件或公知常识的结合也没有给出应用本发明的技术手段解决上述技术问题的任何技术启示：最接近的对比文件 1 没有给出用该区别技术特征解决上述技术问题的技术启示；对比文件 2 也没有给出应用本发明的技术手段解决上述技术问题的任何技术启示。

因此，修改后的权利要求 1 是非显而易见的，具有突出的实质性特点。

本发明通过修改后的权利要求 1 限定的技术方案，取得了哪些技术效果，具有哪些显著的进步。

综上所述，修改后的权利要求 1 具有突出的实质性特点和显著的进步，因此具有创造性，符合《专利法》第二十二条第 3 款的规定。

权利要求得不到说明书支持的审查意见的答复思路示例

对于权利要求未以说明书为依据（主要指权利要求保护过宽）的情况，主要应当争辩从说明书中记载的少数实施方式和实施例能联想到采用现有技术中具有等同作用的技术特征来替换；或者从说明书中记载的少数实施方式和实施例能推导出其所概括的其他范围也必然能实施。

④ **申请人应当加强对专利法规的学习和理解，在答复时尽可能地做到有理有据**

这里所称的专利法规不仅包括《专利法》及其《实施细则》，还包括更为具有实际指导作用的《审查指南》。

其中，《专利法》及其《实施细则》对专利权的授予条件做出了明确规定。专利权的保护以《专利法》及其《实施细则》为依据，因此答复审查意见通知书时应当以《专利法》有关法律条文的规定出发进行争辩。必要时，可以寻求代理人或者熟悉专利法规的人士的帮助。《审查指南》对《专利法》及其《实施细则》进行了解释，属于国家知识产权局颁布的部门规章，具有一定的法律约束力，因而在撰写意见陈述书时也可借助《审查指南》的解释作为争辩的依据。

这里试举两个例子说明应当如何从法律角度进行争辩。

例如，有一种类似于魔方的玩具，在游戏时必须按照一定的顺序才能将其移动到最后希望到达的位置。对于这样的玩具来说，有可能会在审查意见通知书中认定其属于智力活动规则。在这种情况下，首先应当在意见陈述书说明要求保护的客体（类似魔方的玩具）是一件产品，虽然在游戏时要按照一定的规则移动，但该要求保护的产品不是智力活动的规则和方法本身。然后考虑到《审查指南》第二部分第一章第3.2节中还规定，如果一项权利要求除其主题名称以外对其进行限定的全部内容均为智力活动的规则和方法，则该项权利要求实质上仅仅涉及智力活动的规则和方法，不应当授予专利权。因此在意见陈述书中仅指出类似于魔方的玩具不是智力活动的规则和方法本身是不够的，还应当进一步具体分析该项权利要求除了主题名称表明其所要求保护的是一件产品外，还包含反映其具体结构的技术特征，从而说明该要求保护的类似魔方的玩具不属于《专利法》第二十五条（二）——智力活动的规则和方法，属于可授予专利权的保护客体。

有的申请人在针对通知书中指出专利申请不具有新颖性或创造性所作的意见陈述书中，仅仅强调该发明已在国际上取得发明金奖或者在国内获取成果奖，但这根本不能成为该专利申请具有新颖性和创造性的理由。在这种情况下，应当帮助申请人分析该专利申请与现有技术的实质区别，并且在意见陈述书中从《专利法》第二十二条规定的新颖性和创造性定义出发，按照《审查指南》具体写明的判断原则和判断方法，不仅说明该专利申请权利要求的技术方案分别相对于通知书中引用的任一篇对比文件具有新颖性，还应当说明其相对于这几篇对比文件具有突出的实质性特点和显著的进步，因而具有创造性。

对于非实质性的缺陷，在此着重提出如下建议。

① 建议尽可能地按照通知书的思路进行修改

多数情况下，语句不通顺等非实质性缺陷不会对权利要求的保护范围造成实质性的影响，也就是说不会影响申请人应得的专利权范围。因此，这时如果能够按照审查员在审查意见通知书中指出的问题甚至是修改建议的思路进行修改，则有助于审查员提高审查效率，为申请人早日获得专利授权奠定良好的基础。

在这里必须说明一点，提出上述看法，并不是鼓励申请人去作不必要的争取。如果审查意见通知书中的理由充分，引用的对比文件具有说服力，观点正确，就应当接受通知书中的意见，修改申请文件，否则如果审查员的理解有误或者提出的修改建议不合适，则完全不加思考地依照审查意见的思路进行修改，将不仅拖长审查程序，甚至使原来可能被批准的专利申请遭到驳回。

② 注意修改内容与审查意见通知书指出的形式缺陷之间的对应关系

大多数情况下，申请人做出的修改与审查意见通知书中记载的形式缺陷之间存在一一对应的关系。然而，有时指出的问题较多或者上述对应关系出现非一对一的情形时（例如，根据《实施细则》第五十三条的规定导致专利申请被驳回的实质性缺陷多达十个以上，而且这些驳回理由相互之间有关联），在陈述意见和修改申请文件时就应当全面考虑，不要在克服其中一个实质性缺陷的同时又带来新的实质性缺陷，切忌意见陈述书前后矛盾、顾此失彼。由于禁止反悔原则的适用，尤其要注意防止由意见陈述书的陈述错误而导致专利申请最后被驳回。

例如，对于通知书中指出说明书未充分公开发明的情况，千万不能在意见陈述中表示同意该观点而采用将这部分内容补充到说明书中的做法。根据《专利法》第三十三条的规定，专利申请文件的修改不得超出原说明书和权利要求书的记载范围。因此上述意见陈述中的陈述方式和对申请文件的修改方式使该专利申请处于进退两难的局面，从而导致其不是以说明书未充分公开发明就是以申请文件修改超范围为理由而被驳回。

同样，在意见陈述书中争辩时决不可以该发明包含有独到之处的技术诀窍作为本发明具有创造性的依据。专利保护的先决条件是要向社会公开其发明创造，以使本领域技术人员根据申请文件的记载能实施该发明。如果发明的主要构思作为一种技术诀窍未写入原申请文件，则该专利申请将得不到专利保护。因而上述强调技术诀窍的意见陈述书很有可能最后导致该申请未充分公开发明、不符合《专利法》第二十六条第（三）款的规定而被驳回。

3.3.2.3　其他通知书

申请人期满未答复的，审查员应当根据情况发出视为撤回通知书或者其他通知书。申请人因正当理由难以在指定的期限内作出答复的，可以提出延长期限请求。

对于因不可抗拒事由或者因其他正当理由耽误期限而导致专利申请被视为撤回的，申请人可以在规定的期限内向专利局提出恢复权利的请求。

3.3.3　对申请文件的主动修改和补正

3.3.3.1　修改的原则

申请人可以对其专利申请文件进行修改，但是，对发明和实用新型专利申请文件的修改不得超出原说明书和权利要求书记载的范围，对外观设计专利申请文件的修改不得超出原图片或者照片表示的范围。

3.3.3.2 主动修改的时机

（1）申请人对发明专利申请主动提出修改的时机

① 提出实质审查请求时；② 收到国务院专利行政部门发出的发明专利申请进入实质审查阶段通知书之日起的 3 个月内。

> 注意：在答复专利局发出的审查意见通知书时，不得再进行主动修改。

（2）申请人对实用新型或者外观设计专利申请主动提出修改的时间

自申请日起 2 个月内申请人可以对实用新型或者外观设计专利申请主动提出修改。对于超过 2 个月的修改，如果修改的文件消除了原申请文件存在的缺陷，并且具有被授权的前景，则该修改文件可以接受。对于不接受的修改文件，审查员应当发出视为未提出通知书。

（3）替换页

被修改部分应打印再替换页上，附在"意见陈述书"或"补正书"后面。

3.3.4 著录项目变更

3.3.4.1 著录项目

著录项目（即著录事项）包括：申请号、申请日、发明创造名称、分类号、优先权事项（包括在先申请的申请号、申请日和原受理机构的名称）、申请人或者专利

著录项目变更申报书

权人事项（包括申请人或者专利权人的姓名或者名称、国籍或者注册的国家或地区、地址、邮政编码、组织机构代码或者居民身份证件号码）、发明人姓名、专利代理事项（包括专利代理机构的名称、机构代码、地址、邮政编码、专利代理人姓名、执业证号码、联系电话）、联系人事项（包括姓名、地址、邮政编码、联系电话）以及代表人等。

3.3.4.2 著录项目变更手续

提交著录项目变更申报书、缴纳著录项目变更手续费（即著录事项变更费）

及著录项目变更证明文件

（1）著录项目变更申报书

一件专利申请的多个著录项目同时发生变更的，只需提交一份著录项目变更申报书；一件专利申请同一著录项目发生连续变更的，应当分别提交著录项目变更申报书；多件专利申请的同一著录项目发生变更的，即使变更的内容完全相同，也应当分别提交著录项目变更申报书。

（2）著录项目变更手续费

专利局公布的专利收费标准中的著录项目变更手续费是指，一件专利申请每次每项申报著录项目变更的费用。针对一项专利申请（或专利），申请人在一次著录项目变更申报手续中对同一著录项目提出连续变更，视为一次变更。

（3）著录项目变更手续费缴纳期限

应当自提出请求之日起 1 个月内缴纳，另有规定的除外；期满未缴纳或者未缴足的，视为未提出著录项目变更申报。

（4）著录项目变更证明文件的形式要求

① 提交的各种证明文件中，应当写明申请号（或专利号）、发明创造名称和申请人（或专利权人）姓名或者名称。

② 一份证明文件仅对应一次著录项目变更请求，同一著录项目发生连续变更的，应当分别提交证明文件。

③ 各种证明文件应当是原件。证明文件是复印件的，应当经过公证或者由出具证明文件的主管部门加盖公章（原件在专利局备案确认的除外）；在外国形成的证明文件是复印件的，应当经过公证。

3.3.4.3　办理著录项目变更手续的人

① 未委托专利代理机构的，著录项目变更手续应当由申请人（或专利权人）或者其代表人办理。

② 已委托专利代理机构的，应当由专利代理机构办理。

③ 因权利转移引起的变更，也可以由新的权利人或者其委托的专利代理机构办理。

3.3.4.4 著录项目变更的生效

① 著录项目变更手续自专利局发出变更手续合格通知书之日起生效。专利申请权（或专利权）的转移自登记日起生效，登记日即上述的手续合格通知书的发文日。

② 著录项目变更手续生效前，专利局发出的通知书以及已进入专利公布或公告准备的有关事项，仍以变更前为准。

3.4 专利申请的结果

（1）授权

发明专利申请经初步审查和实质审查合格后，实用新型和外观设计专利申请经初步审查合格后，就进入授权阶段。

（2）其他

专利申请经过审查程序，可能产生 4 种结果：申请被主动撤回、申请被视为撤回、申请被驳回和申请被授予专利权。

3.4.1 撤回专利申请

撤回专利申请声明中不需要对撤回的理由进行说明。

（1）提出撤回专利申请的时间

撤回专利申请的声明，应当在"办理专利权授权登记手续以前"提出。在办理登记手续以后，国家知识产权局专利局立即进入公告准备程序，申请人即使提出要求撤回专利申请，也将照常公告授权。

> 注意：因专利申请权的归属发生纠纷，当事人办理了中止有关程序的手续，或者因协助执行人民法院的中止有关程序的，在中止期间，申请人提出的撤回专利申请请求，不予批准，专利局发出视为未提出通知书。

（2）撤回专利申请提交的文件

① 提交撤回专利申请声明＋全体申请人签字或盖章同意撤回专利申请的证明材料，或提交由全体申请人签字或盖章的撤回专利申请声明。

② 委托代理机构的，撤回专利申请的手续应当由专利代理机构办理，并附具全体申请人签字或者盖章同意撤回专利申请的证明材料。

③ 撤回专利申请不得附有任何条件。

（3）撤回专利申请的生效日

撤回专利申请声明不符合规定的，审查员应当发出视为未提出通知书；符合规定的，审查员应当发出手续合格通知书。撤回专利申请的生效日为手续合格通知书的发文日。

（4）撤回发明专利申请的公告

对于已经公布的发明专利申请，专利申请的撤回应当在专利公报上予以公告。撤回专利申请的声明在国务院专利行政部门作好公布专利申请文件的印刷准备工作后提出的，申请文件仍予公布，但审查程序中止；但是，撤回专利申请的声明应当在以后出版的《专利公报》上予以公告。

（5）撤回专利申请的效力

发明专利申请在公布以前，实用新型和外观设计申请在办理登记手续以前提出撤回请求的，申请内容不被公布，专利局应当对其申请案卷予以保密，直至案卷销毁；在公布后提出的，被撤回的专利申请将成为现有技术。

申请人撤回专利申请，仅是表明申请人终止了该专利申请的审查程序。在撤回专利申请后，申请人可以就其发明创造重新提出专利申请，也可以用被其撤回的专利申请作基础，继续在本国或外国提出新的专利申请，并要求优先权。

3.4.2　申请被视为撤回及其恢复

逾期未办理规定手续的，申请将被视为撤回，专利局将发出视为撤回通知书。对于因不可抗拒事由或者因其他正当理由耽误期限而导致专利申请被视为撤回的，申请人可以在规定的期限内向专利局提出恢复权利的请求。

（1）请求恢复权利的期限

申请人如有正当理由，可以在收到视为撤回通知书之日（即视为撤回通知书发文日加 15 日）起 2 个月内，向专利局请求恢复权利，并说明理由。

（2）请求恢复权利应当提交的材料

提交"恢复权利请求书"，补办未完成的各种应当办理的手续并缴纳恢复权利请求费及其他补缴需要缴纳的费用。

> 说明：① "恢复权利请求书" 一式两份；
>
> ② "恢复权利请求书" 需说明耽误期限的正当理由，一般情况，只有申请人具有不可抗拒事由的是由，才被认为是正当事由。

（3）请求恢复权利的审批

① 恢复权利的请求符合规定的，专利局应当予以恢复权利，审查员发出恢复权利请求审批通知书。

② 恢复权利的请求不符合规定的，审查员发出办理恢复权利手续补正通知书。期满补正或者补办的手续符合规定的，应当准予恢复权利，发出恢复权利请求审批通知书。期满未补正或者经补正仍不符合规定的，不予恢复，发出恢复权利请求审批通知书，并说明不予恢复的理由。申请人对此不服的，可以在接到不同意恢复的通知后，向专利局行政复议处提出"行政复议"。

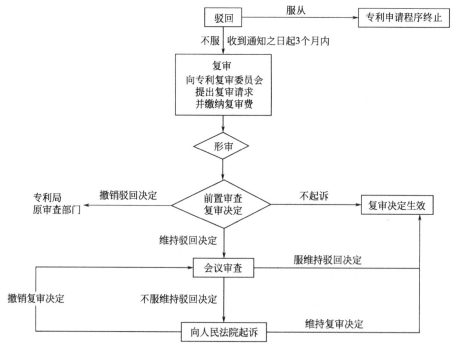

图 3-2　驳回申请及请求复审流程图

3.4.3　驳回申请及请求复审

（1）驳回

经过申请人答复（申请人应审查员要求陈述意见或进行修改或补正）后，专利局认为申请仍部分和《专利法》及其《实施细则》规定的，审查员作出驳回决定，书面通知申请人。

驳回决定正文包括案由、驳回的理由以及决定三个部分。

（2）对驳回决定不服

国务院专利行政部门设立专利复审委员会。专利申请人对国务院专利行政部门驳回申请的决定不服的，可以自收到通知之日起 3 个月内，向专利复审委员会请求复审。专利复审委员会复审后，作出决定，并通知专利申请人。

（3）复审请求

向专利复审委员会请求复审的，应当提交复审请求书，说明理由，必要时还应当附具有关证据、对驳回决定中涉及的部分内容进行修改后的申请文件。

> 说明：①收到驳回决定之日起 3 个月内未缴纳或者未缴足复审费的，其复审请求视为未提出；②"复审请求书"不符合规定格式的，专利复审委员会应当通知复审请求人在指定期限内补正；期满未补正或者在指定期限内补正但经两次补正后仍存在同样缺陷的，复审请求视为未提出。

（4）复审请求的客体

复审请求不是针对专利局作出的驳回决定的，不予受理。

（5）复审请求人资格

① 被驳回申请的申请人。复审请求人不是被驳回申请的申请人的，其复审请求不予受理。

② 全部申请人。被驳回申请的申请人属于共同申请人的，如果复审请求人不是全部申请人，专利复审委员会应当通知复审请求人在指定期限内补正；期满未补正的，其复审请求视为未提出。

（6）前置审查

专利复审委员会应当将受理的复审请求书（包括附具的证明文件和修改后的

申请文件）转交国务院专利行政部门原审查部门进行审查。

（7） 复审决定

专利复审委员会据"前置审查意见"作出复审请求审查决定（简称复审决定），并通知复审请求人。

复审决定分为下列三种类型：①复审请求不成立，维持驳回决定；②复审请求成立，撤销驳回决定；③专利申请文件经复审请求人修改，克服了驳回决定所指出的缺陷，在修改文本的基础上撤销驳回决定。

（8） 对复审决定不服

专利申请人对专利复审委员会的复审决定不服的，可以自收到通知之日起 3 个月内向人民法院起诉。

（9） 复审程序的终止

①复审请求因期满未答复而被视为撤回的，复审程序终止；②在作出复审决定前，复审请求人撤销其复审请求的，复审程序终止；③已受理的复审请求因不符合受理条件而被驳回请求的，复审程序终止；④复审决定作出后复审请求人不服该决定的，可以在收到复审决定之日起三个月内向人民法院起诉；在规定的期限内未起诉或者人民法院的生效判决维持该复审决定的，复审程序终止。

3.4.4 授予专利权与办理登记手续

（1） 专利权生效的条件和专利权生效日

发明专利申请经初步审查、实质审查均没有发现驳回理由的，实用新型和外观设计专利申请经初步审查没有发现驳回理由的，专利局将发出"授予专利权通知书"和"办理登记手续通知书"。

申请人按期办理登记手续的，专利局将授予专利权，发给相应的专利证书，同时予以登记和公告。专利权自公告之日起生效。

（2） 办理登记手续的期限

专利局发出"授予专利权通知书"的同时，应当发出"办理登记手续通知书"，申请人应当在收到该通知之日起 2 个月内办理登记手续。期满未办理登记手续的，视为放弃取得专利权的权利。

（3） 按期办理登记手续后对其他程序的影响

① 申请人按期办理登记手续的，专利局将授予专利权，所以该申请不得再

作为要求本国优先权的基础。

要求优先权，是指申请人在一件专利申请中，可以要求一项或者多项优先权；要求多项优先权的，该申请的优先权期限从最早的优先权日起计算。

申请人要求本国优先权，在先申请是发明专利申请的，可以就相同主题提出发明或者实用新型专利申请；在先申请是实用新型专利申请的，可以就相同主题提出实用新型或者发明专利申请。但是，提出后一申请时，在先申请的主题有下列情形之一的，不得作为要求本国优先权的基础：已经要求外国优先权或者本国优先权的；已经被授予专利权的；属于按照规定提出的分案申请的。申请人要求本国优先权的，其在先申请自后一申请提出之日起即视为撤回。

② 办理登记手续应缴纳的费用。申请人在办理登记手续时，应当按照办理登记手续通知书中写明的费用金额缴纳专利登记费、授权当年（办理登记手续通知书中指明的年度）的年费、公告印刷费，同时还应当缴纳专利证书印花税。

③ 视为放弃取得专利权的权利和权利的恢复。专利局发出授予专利权的通知书和办理登记手续通知书后，申请人在规定期限内未办理登记手续的，被视为放弃取得专利权的权利。

（4）权利的恢复的适用范围

① 当事人因不可抗拒的事由而延误《专利法》或者本细则规定的期限或者国务院专利行政部门指定的期限，导致其权利丧失的，自障碍消除之日起 2 个月内，最迟自期限届满之日起 2 年内，可以向国务院专利行政部门请求恢复权利。

② 当事人因其他正当理由延误《专利法》或者本细则规定的期限或者国务院专利行政部门指定的期限，导致其权利丧失的，可以自收到国务院专利行政部门的通知之日起 2 个月内向国务院专利行政部门请求恢复权利。

③ 不能请求恢复权利：不丧失新颖性的宽限期、优先权期限、专利权期限和侵权诉讼时效这四种期限被耽误而造成的权利丧失。

（5）恢复权利提交的文件

提交"恢复权利请求书"（必要时附具有关证明文件）、补办登记手续（缴纳专利登记费和授权当年的年费）并缴纳恢复权利请求费。

第4章 专利权的维持及终止

4.1 专利权的期限

发明专利权的期限为 20 年，实用新型专利权和外观设计专利权期限为 10 年，均自申请日（实际申请日）起计算。

为了维持专利权有效，专利权人应当按照规定缴纳年费。专利权期满时应当及时在专利登记簿和专利公报上分别予以登记和公告，并进行失效处理。

4.1.1 年度

专利年度从申请日（实际申请日）起算，与优先权日、授权日无关，与自然年度也没有必然联系。从申请日到下一年的相应日的前一天为第一年度，从所相应日到再一下年申请日的相应日的前一天为第二年度，依次类推。

例如，一件专利申请的申请日是 1999 年 6 月 1 日，该专利申请的第一年度是 1999 年 6 月 1 日至 2000 年 5 月 31 日，第二年度是 2000 年 6 月 1 日至 2001 年 5 月 31 日，依次类推。

4.1.2 年费的缴纳

（1）授予专利权当年的年费

授予专利权当年的年费应当在办理登记手续的同时缴纳。

（2）以后的年费

以后的年费应当在上一年度期满前缴纳。缴费期限届满日是申请日在该年的相应日。

（3）谁可以缴纳年费

缴纳年费可以由专利权人、委托的专利代理机构或其他任何第三人办理。但是在我国境内没有长期居所或者营业所的外国人或外国企业、机构，应当通过在中国依法成立的专利代理机构办理。我国台湾、香港、澳门的企业、机构或个人也应通过国内专利代理机构办理。

（4）"缴费清单"

缴纳年费、登记费、印花税等，应当在"缴费清单"上写明申请号、联系方式等信息。应当写明缴纳哪一年度的年费。缴纳年费的年度＝当前日期的年－申请日所在的年＋1。如果当前日期的月、日小于申请日的月、日，则不用缴纳滞纳金，否则应当缴纳滞纳金。

4.1.3　年费的减缓

授权前已获准专利费用减缓的，自授权当年起连续 3 个年度可按已批准的减缓比例缴纳年费。

4.1.4　滞纳期和滞纳金

专利权人未按时缴纳年费（不包括授予专利权当年的年费）或者缴纳的数额不足的，可以在年费期满之日起 6 个月内补缴，补缴时间超过规定期限但不足 1 个月时，不缴纳滞纳金。补缴时间超过规定时间 1 个月或以上的，缴纳按照下述计算方法算出的相应数额的滞纳金：

①超过规定期限 1 个月（不含一整月）至 2 个月（含 2 个整月）的，缴纳数额为全额年费的 5%。

②超过规定期限 2 个月至 3 个月（含 3 个整月）的，缴纳数额为全额年费的 10%。

③超过规定期限 3 个月至 4 个月（含 4 个整月）的，缴纳数额为全额年费的 15%。

④超过规定期限 4 个月至 5 个月（含 5 个整月）的，缴纳数额为全额年费的 20%。

⑤超过规定期限 5 个月至 6 个月的，缴纳数额为全额年费的 25%。

凡在 6 个月的滞纳期内补缴年费或者滞纳金不足需要再次补缴的，应当依照再次补缴年费或者滞纳金时所在滞纳金时段内的滞纳金标准，补足应当缴纳的全部年费和滞纳金。例如，年费滞纳金 5% 的缴纳时段为 5 月 10 日至 6 月 10 日，滞纳金为 45 元，但缴费人仅交了 25 元。缴费人在 6 月 15 日补缴滞纳金时，应当依照再次缴费日所对应的滞纳期时段的标准 10% 缴纳。该时段滞纳金金额为 90 元，还应当补缴 65 元。

凡因年费和（或）滞纳金缴纳逾期或者不足而造成专利权终止的，在恢复程序中，除补缴年费之外，还应当缴纳或者补足全额年费 25% 的滞纳金。

4.2 专利权的终止

专利权期限届满，专利权依法终止。专利权终止后，受该项专利权保护的发明创造任何人都可以无偿利用。

4.2.1 专利权期满终止

专利权期满时应当及时在"专利登记簿"和《专利公报》上分别予以登记和公告，并进行失效处理。

4.2.2 没有按照规定缴纳年费终止

没有按照规定缴纳年费及其滞纳金的，专利权自应当缴纳年费期满之日起终止。

专利年费滞纳期满仍未缴纳或者缴足专利年费或者滞纳金的，自滞纳期满之日起 2 个月后审查员发出专利权终止通知书。专利权人未启动恢复程序或者恢复权利请求未被批准的，专利局在终止通知书发出 4 个月后，进行失效处理，并在《专利公报》上公告。

4.2.3 专利权人放弃专利权

授予专利权后，专利权人随时可以主动要求放弃专利权。放弃专利权的，应当使用专利局统一制定的"放弃专利权声明"表格（见附件）书面提出。

（1）放弃专利权的手续

专利权人放弃专利权的，应当提交放弃专利权声明，并附具全体专利权人签字或者盖章同意放弃专利权的证明材料，或者仅提交由全体专利权人签字或者盖章的放弃专利权声明。委托专利代理机构的，放弃专利权的手续应当由专利代理机构办理，并附具全体申请人签字或者盖章的同意放弃专利权声明。

主动放弃专利权的声明不得附有任何条件。放弃专利权只能放弃一件专利的全部，放弃部分专利权的声明视为未提出。

部分专利权人要求放弃专利权的，可以通过办理专利权的转让或者赠与等著录项目变更手续，改变专利权人。

（2）放弃专利权声明的审查

放弃专利权声明经审查，不符合规定的，审查员应当发出视为未提出通知书；符合规定的，审查员应当发出手续合格通知书，并将有关事项分别在"专利登记簿"和《专利公报》上登记和公告。

（3）放弃专利权声明的生效日

放弃专利权声明的生效日为手续合格通知书的发文日，放弃的专利权自该日起终止。

（4）无正当理由不得要求撤销放弃专利权的声明

专利权人无正当理由不得要求撤销放弃专利权的声明。除非在专利权非真正拥有人恶意要求放弃专利权后，专利权真正拥有人（应当提供生效的法律文书来证明）可要求撤销放弃专利权声明。

4.3　专利登记簿

4.3.1　专利登记簿的内容

专利局授予专利权时应当建立专利登记簿。专利登记簿登记的内容包括：专利权的授予，专利申请权、专利权的转移，保密专利的解密，专利权的无效宣告，专利权的终止，专利权的恢复，专利权的质押、保全及其解除，专利实施许可合同的备案，专利实施的强制许可以及专利权人姓名或者名称、国籍、地址的变更。

上述事项一经作出即在专利登记簿中记载。

4.3.2　专利登记簿的法律效力

专利权授予之后，专利的法律状态以专利登记簿上记载的法律状态为准。授予专利权时，专利登记簿与专利证书上记载的内容是一致的，在法律上具有同等效力；专利权授予之后，专利的法律状态的变更仅在专利登记簿上记载，由此导致专利登记簿与专利证书上记载的内容不一致的，以专利登记簿上记载的法律状态为准。

4.3.3　专利登记簿副本

专利登记簿副本依据专利登记簿制作。专利登记簿副本是一种表明专利即时法律状态的证明。

（1）请求办理专利登记簿副本所需材料

① 请求出具专利登记簿副本的，应当提交办理文件副本请求书；② 专利局收到有关请求后，应当制作专利登记簿副本，经与专利申请文档核对无误后，加盖证件专用章后发送请求人；③ 专利登记簿登记的事项以数据形式储存于数据库中，制作专利登记簿副本时，按照规定的格式打印而成，加盖证件专用章后生效。

（2）请求办理专利登记簿副本的条件

① 在专利权授予公告之后才可办理；② 任何人都可以向专利局请求出具专利登记簿副本；③ 办理专利登记簿副本，可以在专利局、代办处办理。

第5章 中止程序

中止程序指权属纠纷中止程序和财产保全中止程序。中止，是指当地方知识产权管理部门或者人民法院受理了专利申请权（或专利权）权属纠纷，或者人民法院裁定对专利申请权（或专利权）采取财产保全措施时，专利局根据权属纠纷的当事人的请求或者人民法院的要求中止有关程序的行为。

中止的范围包括：① 暂停专利申请的初步审查、实质审查、复审、授予专利权和专利权无效宣告程序；② 暂停视为撤回专利申请、视为放弃取得专利权、未缴年费终止专利权等程序；③ 暂停办理撤回专利申请、放弃专利权、变更申请人（或专利权人）的姓名或者名称、转移专利申请权（或专利权）、专利权质押登记等手续。

> 注意：中止请求批准前已进入公布或者公告准备的，该程序不受中止的影响。

5.1 权属纠纷中止

权属纠纷中止，是指当地方知识产权管理部门或者人民法院受理了专利申请权（或专利权）权属纠纷，专利局根据权属纠纷的当事人的请求中止有关程序的行为。

（1）中止的启动条件

① 专利申请权（或专利权）权属纠纷已被受理；② 请求是由权属纠纷当事人提出。

专利局执行中止的，将向专利申请（或专利）权属纠纷的双方当事人发出"中止程序请求审批通知书"，并告知中止期限的起止日期（自提出中止请求之日起）。

（2） 权属纠纷的当事人请求中止的手续

① 提交中止程序请求书；② 附具证明文件，即地方知识产权管理部门或者人民法院的写明专利申请号（或专利号）的有关受理文件正本或者副本。

（3） 中止的期限

对于专利申请权（或专利权）权属纠纷的当事人提出的中止请求，自中止请求之日起满 1 年，该中止程序结束。

延长中止期限：1 年内未能结案，需要继续中止程序的，请求人应当在中止期满前请求延长中止期限，并提交权属纠纷受理部门出具的说明尚未结案原因的证明文件。中止程序可以延长 1 次，延长的期限不得超过 6 个月。不符合规定的，审查员应当发出延长期限审批通知书并说明不予延长的理由；符合规定的，审查员应当发出延长期限审批通知书，通知权属纠纷的双方当事人。

（4） 中止程序的结束

① 中止期限满且不请求延长。中止期限满 1 年，且当事人未请求延长期限的，该中止程序结束。但对于涉及无效宣告程序中的专利，中止期限不超过 1 年。中止期限届满，专利局自行恢复有关程序。

② 已作出处理决定或者判决生效后。对于尚在中止期限内的专利申请（或专利），权属纠纷结束后，地方知识产权管理部门作出的处理决定或者人民法院作出的判决产生法律效力之后（涉及权利人变更的，应当在 3 个月内办理著录项目变更手续，期满当事人未办理变更手续的，视为放弃取得专利申请权或者专利权，在办理著录项目变更手续之后），专利局结束中止程序，继续原程序。

中止程序结束，审查员将发出"中止程序结束通知书"，通知权属纠纷的双方当事人，恢复有关程序。

5.2 财产保全中止

财产保全中止，是指人民法院裁定对专利申请权（或专利权）采取财产保全措施时，专利局根据人民法院的要求中止有关程序的行为。

（1） 中止的启动条件

① 专利申请权（或专利权）财产保全措施已采取；② 请求是根据人民法院的要求。

（2） 因协助执行财产保全而中止的手续

① 人民法院应当将对专利申请权（或专利权）进行财产保全的民事裁定书及协助执行通知书送达专利局指定的接收部门，并提供人民法院的通讯地址、邮政编码和收件人姓名；② 民事裁定书及协助执行通知书应当写明要求专利局协助执行的专利申请号（或专利号）、发明创造名称、申请人（或专利权人）的姓名或者名称、财产保全期限等内容；③ 要求协助执行财产保全的专利申请（或专利）处于有效期内。

专利局决定执行中止程序的，将通知人民法院和申请人（或专利权人）。专利局协助执行专利权的财产保全而中止程序的，应当予以公告。

（3） 中止的期限

对于人民法院要求专利局协助执行财产保全而执行中止程序的，自收到民事裁定书之日起满 6 个月，该中止程序结束。

延长中止期限：人民法院要求继续采取财产保全措施的，在中止期限届满前将继续保全的协助执行通知书送达专利局，经审核符合规定的，中止程序续展 6 个月。对于同一法院对同一案件在执行程序中作出的保全裁定，专利局中止的期限不超过 12 个月，在审判程序中作出的保全裁定，专利局中止的期限可以适当延长。

（4） 中止程序的结束

① 中止期限届满，人民法院没有要求继续采取财产保全措施的，中止程序结束，恢复有关程序；② 执行中止程序期间，要求协助执行财产保全的人民法院将"解除保全通知书"送达专利局后，经审核符合规定的，中止程序结束，恢复有关程序，专利局将中止程序结束的结论通知人民法院和申请人（或专利权人），并对专利权的保全解除予以公告。

第6章 专利权的无效宣告程序

专利权的无效宣告程序，是指自国务院专利行政部门公告授予专利权之日起，任何单位或者个人认为该专利权的授予不符合《专利法》有关规定的，可以请求专利复审委员会宣告该专利权无效的程序。

6.1 无效宣告程序的启动

无效宣告请求人向专利复审委员会提出无效宣告请求从而启动无效宣告程序。

6.2 无效宣告请求人

任何单位或者个人可以请求宣告该专利权无效，但是无效宣告请求人属于下列情形之一的，其无效宣告请求不予受理：

① 请求人不具备民事诉讼主体资格的。

② 以授予专利权的外观设计与他人在申请日以前已经取得的合法权利相冲突为理由请求宣告外观设计专利权无效，但请求人不能证明是在先权利人或者利害关系人的。其中，利害关系人是指有权根据相关法律规定就侵犯在先权利的纠纷向人民法院起诉或者请求相关行政管理部门处理的人。

③ 专利权人针对其专利权提出无效宣告请求且请求宣告专利权全部无效、所提交的证据不是公开出版物或者请求人不是共有专利权的所有专利权人的。

④ 多个请求人共同提出一件无效宣告请求的，但属于所有专利权人针对其共有的专利权提出的除外。

6.3　无效宣告请求客体

无效宣告请求的客体应当是已经公告授权的专利，包括已经终止或者放弃（自申请日起放弃的除外）的专利。

6.4　请求宣告无效手续

请求宣告专利权无效或者部分无效的，应当向专利复审委员会提交："专利权无效宣告请求书"和必要的证据，并缴纳相关费用。

① 无效宣告请求书应当结合提交的所有证据，具体说明无效宣告请求的理由，并指明每项理由所依据的证据。

② 无效宣告请求书应当明确无效宣告请求的范围，明确哪些项权利要求或外观设计是无效的。不符合有关规定的专利复审委员会发出补正通知书，要求请求人在收到通知书之日起 15 日内补正，期满未补正的，无效宣告请求视为未提出。

③ 请求人自提出无效宣告请求之日起 1 个月内未缴纳或者未缴足无效宣告请求费的，其无效宣告请求视为未提出。

6.5　专利无效宣告请求的流程

① 专利复审委员会应当将专利权无效宣告请求书和有关文件的副本送交专利权人，要求其在指定的期限内陈述意见。

② 专利权人和无效宣告请求人应当在指定期限内答复专利复审委员会发出的转送文件通知书或者无效宣告请求审查通知书；期满未答复的，不影响专利复审委员会审理。

需要指定答复期限的，指定答复期限为 1 个月。当事人期满未答复的，视为当事人已得知转送文件中所涉及的事实、理由和证据，并且未提出反对意见。

6.6　请求宣告无效的主要理由

请求宣告无效的主要理由有：不属于《专利法》所称的发明、实用新型和外观设计；向外国申请专利保密审查不合规定；不具备新颖性、创造性或实用性；不具备授予专利权的外观设计应当的条件的规定；说明书公开不充分，所属技术领域的技术人员不能实现；权利要求书没有得到说明书的支持；外观设计的图片不清楚；对发明和实用新型专利申请文件的修改超出原说明书和权利要求书记载的范围，对外观设计专利申请文件的修改超出原图片或者照片表示的范围；独立权利要求未从整体上反映技术方案；分案申请超出原申请的范围；违反法律及社会公共利益的发明创造；违法了不授予专利权的智力活动成果的规定；违反了同样的发明授予两项专利权的规定。

6.7　无效宣告程序中专利文件的修改原则

发明或者实用新型专利文件的修改仅限于权利要求书，其原则是：

① 不得改变原权利要求的主题名称；② 与授权的权利要求相比，不得扩大原专利的保护范围；③ 不得超出原说明书和权利要求书记载的范围；④ 一般不得增加未包含在授权的权利要求书中的技术特征；⑤ 外观设计专利的专利权人不得修改其专利文件。

6.8　无效宣告请求审查决定的类型

无效宣告请求审查决定分为下列 3 种类型：① 宣告专利权全部无效；② 宣告专利权部分无效；③ 维持专利权有效。

专利复审委员会作出宣告专利权无效（包括全部无效和部分无效）的审查决定后，书面通知双方当事人，当事人未在收到该审查决定之日起 3 个月内向人民法院起诉或者人民法院生效判决维持该审查决定的，由专利局予以登记和公告。

6.9　专利权无效宣告的法律效力

宣告无效的专利权视为自始即不存在。宣告专利权无效的决定，对在宣告专利权无效前人民法院作出并已执行的专利侵权的判决、调解书，已经履行或者强制执行的专利侵权纠纷处理决定，以及已经履行的专利实施许可合同和专利权转让合同，不具有追溯力。但是因专利权人的恶意给他人造成的损失，应当给予赔偿。明显违反公平原则的，应当全部或者部分返还。

第 7 章 国际申请(PCT申请)

7.1 PCT 国际申请

PCT（PATENT COOPERATION TREATY）是《专利合作条约》的简称，其目的是简化国际申请专利的手续，使申请人和各成员国专利局从中获益。按照该条约提出的申请称为国际申请，又称 PCT 申请。

我国于 1994 年 1 月 1 日正式成为 PCT 缔约国，同时被指定为受理局、国家检索单位、国际初步审查单位。

专利权有地域性，申请能否被授予专利权仍然由各个国家根据本国《专利法》的规定进行审批。PCT 只适用于发明和实用新型专利申请，不适用于外观设计专利申请。

7.2 国际申请的提出

（1） 谁有资格向中国国家知识产权局提出 PCT 申请

申请人只要满足以下条件之一，即可向中国国家知识产权局提出国际申请：①中国的国民或中国法人；② 在中国境内有长期居所的外国人或在中国工商部门注册的外国法人。

若有多个申请人，只要其中一申请人有资格即可。对不同的指定国可以写明不同的申请人。

（2） 申请语言

国家知识产权局作为受理局接受的申请语言：中文和英文。

7.3 国际申请日

（1） 国际申请日的确定

只要国际申请同时满足下列要求，国家知识产权局应当以收到该申请之日为国际申请日：①至少有一名申请人的国籍为中国或者其营业所或居所在中国；②向国家知识产权局提出国际申请的，应当使用中文或英文；③至少包括 PCT 国际申请请求书 PCT/RO/101、说明书和权利要求书。

> 注意：国际申请日确定之后，在随后的受理局审查过程中，申请人对某些缺陷的改正可能会影响国际申请日变化。

（2）国际申请日的效力

国际申请日由受理局确定，国际申请在每个指定国内，自国际申请日起具有正规的国家申请的效力。除特殊情形外，国际申请日就是每个指定国的实际申请日。

7.4 国际申请的申请文件和申请手续

7.4.1 国际申请的申请文件

国际申请的申请文件包括：请求书、说明书、权利要求书、附图（必要时）和摘要。

（1）请求书

应使用国际局［国际局指世界知识产权组织国际局（World Intellectual Property Organization，WIPO）］统一制定的请求书（PCT 国际申请请求书 PCT/RO/101）。

> PCT 请求书 PCT/RO/101 填写时应注意：
> ①第 Ⅴ 栏：指定。申请人在提交申请时，如果所要求作为优先权的在先国家申请是德国、日本、韩国的，应在提交 PCT 申请时，在此栏中排除对该国的指定。
> ②第 Ⅶ 栏：国际检索单位。向中国国家知识产权局提交国际申请可以不填写这一栏目。

（2）说明书

国际申请的说明书和权利要求书的撰写要求与在我国申请的说明书和权利要求书

的撰写基本相同。国际申请的说明书分为 6 部分：技术领域、背景技术、发明内容、附图概述、实施方式、工业实用性。如果国际申请包核苷酸和或者氨基酸序列，说明书应当包括序列表。为满足国家检索的需要，建议申请人提供计算机可读形式的序列表。

（3）　附图

如有必要，应当提交附图。

> 注意：后补交附图会使国际申请日改变并可能导致优先权逾期。

7.4.2　申请手续

（1）　申请人可以通过以下两种方式提出国际申请

① 首先向中国国家知识产权局提出申请，然后在 12 个月的优先权期限内提出国际申请；② 直接提出国际申请。

（2）　国际申请的提交方式

申请文件应当提交到"中国国家知识产权局专利局受理处"，"各地方代办处"不能接受国际申请。申请文件提交有纸质形式和电子形式两种。

① 以纸质形式提交国际申请有 3 种方式。a. 面交。到受理大厅 PCT 窗口面交。以申请文件到达国家知识产权局受理处之日为收到日。b. 邮寄。以申请文件到达国家知识产权局受理处之日为收到日。c. 传真。以国家知识产权局受理处收到传真之日为收到日，但申请人必须在规定期限内将传真原件提交到受理处，否则传真视为未收到。

② 以电子形式提交国际申请有 2 种方式。a. PCT-SAFE 电子申请在线提交。以国家知识产权局服务器收到电子形式的文件之日为收到日。b. 保存到 CD/DVD 后，面交或邮寄。以申请文件到达国家知识产权局受理部门之日为收到日。

（3）　缴纳费用

申请日应自受理局收到国际申请之日起收 1 个月内缴纳：国际申请费（外加国际申请超出 30 页部分的附加费）、传送费、检索费。

7.5　PCT 国际申请的审查程序

PCT 国际申请分为两个阶段：第一阶段为国际阶段；第二阶段为国家阶段。

7.5.1 国际阶段

国际申请在国际阶段程序中分为两个阶段，第一阶段：国际申请的提交、受理、形式审查、国际检索、国际公布；第二阶段：国际初步审查（可选择的程序）、国际初步审查报告（专利性国际初步报告）。

7.5.1.1 第一阶段

（1）国际申请的提交、受理

申请人首先向中国国家知识产权提出申请，然后在 12 个月的优先权期限内提出国际申请；或者直接提出国际申请。

（2）形式审查

国际申请的形式审查同国家申请的形式审查在内容和要求上大体相同。

（3）国际检索

申请人按规定缴纳了检索费，启动检索。申请人将得到"国际检索报告和书面意见"。国际检索的目的是努力发现相关的现有技术，提供关于新颖性、创造性及工业实用性的初步、无约束力的意见。

① "国际检索报告和书面意见"的完成期限。"国际检索报告和书面意见"的完成期限为专利局收到检索用申请文本之日起 3 个月或自优先权日起 9 个月，以后届满的期限为准。

> 说明：检索结果及关于可专利性的意见，对指定局没有约束力，仅起参考作用。

② 不进行国际检索的情形。当发生以下情形之一，中国国家知识产权局可以宣布不制定国际检索报告：涉及的主题按规定不要求进行检索；说明书、权利要求书或附图不符合要求，以至于无法进行有意义的检索；对于涉及的核苷酸或氨基酸序列无法进行有意义的检索；多项从属权利要求不符合规定。

（4）修改

申请人在收到国际检索报告和书面意见后，国际公布前，依据《专利合作条约》19 条，有 1 次对权利要求修改的机会。修改期限为自国际检索单位向申请人和国际局传送国际检索报告之日起 2 个月内，或自优先权日起 16 个月内，以后到期为准。

（5）中国国家知识产权局将完成的国际检索报告和书面意见分别寄送申请人和国际局（WIPO 局），供其参考

（6）国际公布

国际申请自优先权日起 18 个月届满后，由国际局（WIPO 局）负责完成国际公布。

① 不予公布。不进行国际公布包括以下两种情形：国际申请在国际公布的技术准备完成之前被撤回或被视为撤回；国际申请的指定仅仅包括美国的情况。

② 提前公布。申请人可以自优先权日起 18 个月之内的任何时间，可以要求国际局进行提前公布，并在适用时缴纳特别公布费。

公布内容的查询网址为：www. wipo. int。

7.5.1.2　第二阶段

第二阶段主要包括国际初步审查（可选择的程序）和国际初步报告（专利性国际初步报告）。其中国际初步审查程序不是必经程序，而是应申请人的要求而启动的程序。

（1）国际初步审查的启动

在期限内提交国际初步审查要求书，在期限内缴纳初步审查费和手续费。

> 说明：① 在期限内提交了合格的国际初步审查要求书。期限是自国际检索报告或宣告不制定国际检索报告的发文日起 3 个月内或自优先权日起 22 个月内（以后届满的期限为准）提出国际初步审查要求书。
>
> ② 申请人缴纳费用的期限为，自优先权日起 22 个月或自提出初步审查要求之日起 1 个月，以后届满的期限为准。

（2）修改

在国际初步审查报告作出之前，申请人有权依规定的方式并在规定的期限内修改权利要求书、说明书和附图，这种修改不应超出国际申请提出时对发明公开的范围。依据《专利合作条约》34 条。

（3）主管国际初步审查的单位

中国国家知识产权局作为受理局仅指定本局为主管国际初步审查单位，即只要是中国国家知识产权局受理的国际申请，国际初步审查就由中国国家知识产权局承担。

（4） 国际初步审查报告

中国国家知识产权局将做出国际初步审查报告。

（5） 国际检索与国际初步审查

① 目的部分相同。同样对国际申请是否具备新颖性、创造性、工业实用性提供初步的、无约束力的意见。

② 不同之处。国家检索基于原始申请作出；国际初步审查通常是基于申请人提出的修改或者答复的基础上作出。

（6） 国际初步审查报告（专利性国际初步报告）

完成国际初步审查报告的期限是自优先权日起 28 个月或自启动审查之日起 6 个月内，以后届满的期限为准。

国际初步审查报告的内容主要包括：报告的基础文件对每一个权利要求的专利性的评述，关于发明单一性的说明，对国际申请的某些意见等。

7.5.2 国家阶段

国际申请自优先权日 30 个月届满前向希望获得专利保护的国家办理进入国家阶段手续，从而启动国家阶段程序。

办理进入国家阶段的手续如下：

① 提交国际申请的译文、缴纳该国规定的申请费并指明要求获得的保护类型。由于各国法律不同，相关规定也不同，详情可登录以下网址查阅：wipo 官网（www.wipo.int）及各国专利局官网。

② 逾期未办理上述手续的，国际申请将失去国家申请的效力。申请人应当自优先权日起 30 个月内，向中国国家知识产权局办理进入国家阶段的手续；申请人未在该期限内办理该手续的，在缴纳宽限费后，可以在自优先权日起 32 个月内办理进入中国国家阶段的手续。宽限期为 2 个月。

③ 国际申请进入指定国的国家阶段后，其审批程序就与国家申请相同了。

7.6 利用国际申请向外国申请专利的好处

利用国际申请向外国申请专利的主要好处如下。

① 简化向外国申请专利的手续。申请人可以向中国国家知识产权局提交一份申请，达到向所有 PCT 缔约国申请的目的。

② 调整申请策略，准确投入资金。由于先是国际检索，再是国际初步审查（可选择的程序），使申请人得到国际检报告和书面意见后有机会判断是否有需要继续进行下去。

7.7　国家知识产权局 PCT 申请的收费标准

7.7.1　PCT申请国际阶段的费用

（1）　国际阶段费用的缴纳（表 7-1 和表 7-2）

表 7-1　世界知识产权组织收取的费用　单位：瑞士法郎 CHF

项目	费用
国际申请费	1330
超出 30 页部分,每页加收	15
手续费	200

表 7-2　国家知识产权局收取的费用　　单位：人民币元 RMB

项目	费用
① 传送费	500
② 检索费(截至 2005 年 12 月 31 日) 　附加检索费(截至到 2005 年 12 月 31 日)	1500 1500
③ 检索费(自 2006 年 1 月 1 日起) 　附加检索费(自 2006 年 1 月 1 日起)	2100 2100
④ 优先权文件费	150
⑤ 初步审查费 　初步审查附加费	1500 1500
⑥ 单一性异议费	200
⑦ 副本复制费(每页)	2
⑧ 后提交费(自 2006 年 1 月 1 日起)	200
⑨ 滞纳金	按应缴纳费用的 50% 计收;滞纳金数额按最低不少于传送费,最高不多于国际申请表 7-1 中"超出 30 页部分,每页加收"项的 50% 收取

（2）　国际阶段费用的减缴

如果国际申请的提出按照并符合行政规程的规定，国际阶段收费标准中表 7-2③和④ 项所需支付的费用总额减少标准为：

① 使用电子方式（通过 CE-PCT 网站、CE-PCT 客户端、PCT-SAFE 软件）提交国际申请，国际申请费的减缴：a. 如果使用电子方式提交国际申请，且满足行政规程第 7 部分和附录 F 的要求，但以电子方式提交的说明书、权利

要求和摘要未采用字符代码格式，可减缴 CHF200 的费用；b. 若以电子方式提交的说明书、权利要求和摘要均采用字符代码格式，则可减缴 CHF300 的费用。

② 如果国际申请的所有申请人是自然人，且所有申请人均属于国际局发布的符合国际局发布的费用减免条件国家清单（国际局发布的清单可从 http：//www.wipo.int/pct/en/fees/index.html 获得）中所列国家的国民和居民，国际申请费和手续费可减缴 90%。我国（包括大陆、台湾、香港和澳门）在此列。

7.7.2　PCT 申请进入中国国家阶段的费用

（1）国家阶段费用的缴纳（表 7-3）

表 7-3　PCT 申请进入中国国家阶段的费用　　单位：人民币元 RMB

项目		费用
申请费	发明申请费	900
	实用新型申请费	500
公布印刷费		50
申请附加费	说明书超过 30 页(每页)	50
	说明书超过 300 页(每页)	100
	权利要求书超过 10 项(每项)	150
优先权要求费(每项)		80
宽限费		1000
改正译文错误手续费(初审阶段)		300
改正译文错误手续费(实审阶段)		1200
单一性恢复费		900
改正优先权要求申请费		300
著录项目变更费	申请人，发明人或者专利权人的变更	200
	专利代理机构、代理人委托关系的变更	50
恢复费		2500
实审费		2500
延期要求费(每月)	第一次延期请求费(每月)	300
	再次延期请求费(每月)	2000
维持费		300
无效宣告请求费	发明	3000
	实用新型	1500
复审费	发明	1000
	实用新型	300
强制许可请求费	发明	300
	实用新型	200
强制许可使用裁决请求费		300
专利登记、印刷、印花费	发明	255
	实用新型	205

续表

项目			费用
年费	发明专利	1～3 年	900
		4～6 年	1200
		7～9 年	2000
		10～12 年	4000
		13～15 年	6000
		16～20 年	8000
	实用新型专利	1～3 年	600
		4～5 年	900
		6～8 年	1200
		9～10 年	2000

（2）国家阶段费用的减缴

① 以中国国家知识产权局作为受理局受理的国际申请在进入国家阶段时免缴申请费及申请附加费。

② 由中国国家知识产权局作出国际检索报告及专利性国际初步报告的国际申请，在进入国家阶段并提出实质审查请求时，免缴实质审查费。

③ 由欧洲专利局、日本专利局、瑞典专利局三个国际检索单位作出国际检索报告及专利性国际初步报告的国际申请，在进入国家阶段并提出实质审查请求时，只需要缴纳 80％的实质审查费。

注：上述数据来源于"中华人民共和国国家知识产权局"网站（http：//www.sipo.gov.cn/）（网站首页＞专利申请指南＞专利申请的费用＞专利缴费指南＞国家知识产权局 PCT 申请的收费标准）。

附录 三种申请文件的样例

附录1 发明专利申请文件的样例

发明专利申请文件包括说明书、说明书附图、权利要求书、摘要以及摘要附图这5种文档，有时也简称"五书"。

下面，以方法类主题的技术方案为例，分别给出各个文档的样例。

(1) 说明书

所属技术领域

本发明涉及一种×××××方法，属于××××技术领域，尤其是涉及一种××××××方法。

[这里，前面的"本发明涉及一种×××××"是待申请的技术方案的较上位的主题名称，后面的"尤其是涉及一种×××××"一般是具体到待申请的技术方案的技术主题全称。再次强调：发明专利申请涉及的技术主题既能够涉及装置，也能够涉及方法。]

背景技术

目前，××××××。

[这里就是指出目前现有问题，引证文献资料。可以指出当前的不足或有待改进之处或者你的发明创造中有什么更有利的东西等，为了方便专利审查专家们更方便的审核你的专利，引经据典的，要注明出处。]

发明内容

为了克服××××××的不足，本发明××××××。（要解决的技术问题）

本发明解决其技术问题所采用的技术方案是：××××××。

［这里需要严格按照示例文档中的要求来写，比如：

a. 技术方案应当清楚、完整地说明发明的形状、构造特征，说明技术方案是如何解决技术问题的，必要时应说明技术方案所依据的科学原理。

b. 撰写技术方案时，机械产品应描述必要零部件及其整体结构关系；涉及电路的产品，应描述电路的连接关系；机电结合的产品还应写明电路与机械部分的结合关系；涉及分布参数的申请时，应写明元器件的相互位置关系；涉及集成电路时，应清楚公开集成电路的型号、功能等。

c. 技术方案不能仅描述原理、动作及各零部件的名称、功能或用途。］

本发明的有益效果是，××××××。

［写出你的发明和现有技术相比所具有的优点及积极效果］

附图说明

下面结合附图和实施例对本发明进一步说明。

图 1 是本发明的××××××方法的流程框图。

图 2 是本发明的××××××方法的第×步骤的流程框图。

……。

具体实施方式

在图 1 中，××××××。图 2 中，××××××。……

［具体实施方式部分给出优选的具体实施例。具体实施方式应当对照附图对发明的形状、构造进行说明，实施方式应与技术方案相一致，并且应当对权利要求的技术特征给予详细说明，以支持权利要求。附图中的标号应写在相应的零部件名称之后，使所属技术领域的技术人员能够理解和实现，必要时说明其动作过程或者操作步骤。如果有多个实施例，每个实施例都必须与本发明所要解决的技术问题及其有益效果相一致。］

（2）　说明书附图

（略）

［依照《专利法》及其《实施细则》以及《专利审查指南》的规定绘制，注意不应使用非纯黑或白背景的图形或图片］

（3）　权利要求书

1. 一种×××××方法，包括：×××××（在此描述该方法包括的流程或步骤）。

2. 根据权利要求1所述的×××××方法，其特征在于，×××××（在此对权利要求1中已经出现的术语做进一步限定）。

3. 根据权利要求1或2所述的×××××方法，其特征在于，×××××（在此对权利要求1或权利要求2中已经出现的术语做进一步限定）。

［每个权利要求仅在结尾处使用句号表示该权利要求的表述到此结束，不得在该权利要求未结束时使用额外的句号］

（4）摘要

为了×××××（在此描述发明目的），本发明提供了一种×××××方法，包括：×××××（在此描述该方法包括的流程或步骤）。本发明提供的方法能够×××××（在此提供关于技术效果的描述）。

［应当注意：摘要中的字数一般不超过300个字，且如果使用附图标记则附图标记应当用"（）"括起来。］

（5）摘要附图

（略）

［应注意：当需要附图并在《说明书附图》文档中绘制了至少一幅图片时，必须选择《说明书附图》中的一幅作为摘要附图］

为了让读者更清楚地理解上述样例，在此提供一个发明专利申请文件的实例。

说明书摘要

为了解决在智能手机系统中高效地调整多任务管理页面内应用程序的排列顺序问题，本发明提供了通过压力触控调整多任务排列顺序的方法、系统和电子设备。本发明触控操作简单，能够减少用户在多任务管理页面内的滑动、查找、辨识等操作，提高了操作效率；提高了多任务排列顺序调整效率，降低了调整期间的误操作率；多任务排列顺序调整过程中人机交互直观，易学易用，极大地提高了用户体验；减轻了用户与系统之间交互的操作量，同时也减少了用户手部和眼部的疲劳感。

摘要附图

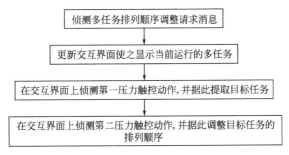

权利要求书

1. 一种在交互界面上通过压力触控调整多任务排列顺序的方法，包括如下步骤：

（1）侦测多任务排列顺序调整请求消息；

（2）更新交互界面使之显示当前运行的多任务，该步骤具体包括：

当接收到上述请求消息时，在交互界面上显示当前运行的多个任务对应的应用程序图标或缩略图；

（3）在交互界面上仅以侦测按压式触控动作的方式侦测第一压力触控动作，并据此提取目标任务，该步骤具体包括：

（3.1）当侦测到第一压力触控动作并达到其压感触发机制的条件时，触发目标任务提取消息；

（3.2）响应于提取消息的成功结束，改变目标任务对应的应用程序图标或缩略图的显示状态；

（4）在交互界面上侦测第二压力触控动作，并据此调整目标任务的排列顺序，该步骤具体包括：

（4.1）在交互界面上侦测第二压力触控动作；

（4.2）根据第二压力触控动作的结束位置，对应地调整目标任务对应的应用程序图标或缩略图的位置；

（4.3）恢复目标任务对应的应用程序图标或缩略图的显示状态。

2. 根据权利要求 1 所述的方法，其特征在于，所述第一压力触控动作为按压动作。

3. 根据权利要求 1 所述的方法，其特征在于，所述第二压力触控动作为拖拽动作。

4. 根据权利要求 1 所述的方法，其特征在于，所述显示状态包括显示透明度的状态。

5. 一种在交互界面上通过压力触控调整多任务排列顺序的系统，包括：

请求信息侦测模块，用于侦测多任务排列顺序调整请求消息；

交互界面更新模块，用于更新交互界面使之显示当前运行的多任务，所述交互界面更新模块具体包括：

请求消息判断子模块，用于判断是否接收到多任务排列顺序调整请求消息；

图标或缩略图显示子模块，用于在交互界面上显示当前运行的多个任务对应的应用程序图标或缩略图；

目标任务提取模块，用于在交互界面上侦测第一压力触控动作，并据此提取目标任务，所述目标任务提取模块具体包括：

目标任务提取触发子模块，用于当侦测到第一压力触控动作并达到其压感触发机制的条件时，触发目标任务提取消息；

图标或缩略图显示状态更新子模块，用于响应于提取消息的成功结束，改变目标任务对应的应用程序图标或缩略图的显示状态；

排列顺序调整模块，用于在交互界面上侦测第二压力触控动作，并据此调整目标任务的排列顺序，所述排列顺序调整模块具体包括：

第二压力触控动作侦测子模块，用于在交互界面上侦测第二压力触控动作；

图标或缩略图位置调整子模块，用于根据第二压力触控动作的结束位置，对应地调整目标任务对应的应用程序图标或缩略图的位置；

图标或缩略图显示状态恢复模块，用于恢复目标任务对应的应用程序图标或缩略图的显示状态。

6. 根据权利要求 5 所述的系统，其特征在于，所述第一压力触控动作为按压动作。

7. 根据权利要求 5 所述的系统，其特征在于，所述第二压力触控动作为拖拽动作。

8. 根据权利要求 5 所述的系统，其特征在于，所述显示状态包括显示透明度的状态。

9. 一种具有触控式交互界面的电子设备，包括如上所述的在交互界面上通过压力触控调整多任务排列顺序的系统。

10. 根据权利要求 9 所述的电子设备，其特征在于，所述触控式交互界面为触控屏。

说　明　书

通过压力触控调整多任务排列顺序的方法、系统和电子设备

技术领域

本发明涉及多任务操作系统技术领域，更具体地，涉及一种通过压力触控调整多任务排列顺序的方法、系统和电子设备。

背景技术

现有技术中，现有的智能设备（例如，智能手机、平板电脑等）大多均基于Android 或 Apple 这种多任务系统。这些系统在进行多个任务之间的切换时，一般都是通过启动任务切换界面，并通过在其上选取和触控的方式完成的。其中，多个任务被以界面的形式显示出来。用户一般只需要通过触控的方式点击希望切换到的应用的界面即可完成切换任务。当应用较多以至于超出一个屏幕能够显示的容量时，用户需要以滑动触控的方式查找到自己希望切换到的应用，然后再通过触控的方式选择并切换。在现有的智能手机系统中，用户在多任务管理页面内大都不能够对其后台应用进行排序管理的操作。而在实际使用过程中，用户可能会在后台开启了多个应用程序，在应用程序切换调用的过程中，用户需要在冗长的应用列表内进行滑动操作，查找和辨识。无形之中给用户的操作带来了操作负担和操作疲劳感。在多个应用程序的查找过程中，也极易发生用户误操作等问题，致使其操作量翻倍，操作效率降低。

因此，现有的多任务切换方式存在如下缺点：

1. 在多任务页面内，不支持后台应用程序调整其顺序的功能。

2. 致使用户需要在多个应用程序列表内进行滑动，查找，辨识其目标应用程序。

3. 由于不支持后台应用程序的排序管理功能，致使操作效率降低，误操作概率上升，操作量翻倍。

为了克服上述现有技术的弊端，本发明提供了一种通过压力触控技术调整多任务排列顺序的方法。本发明的目的在于：

1. 在多任务页面内，支持后台应用程序调整顺序和管理功能。

2. 通过简单的操作管理，减少用户在多任务管理页面内的滑动，查找，辨识等操作，提高使用效率。

3. 提高操作效率，降低误操作率，减少操作疲劳感。

发明内容

针对现有技术中存在的上述弊端，本发明的目的包括：

（1）在需要切换应用程序时，无需调出多任务管理页面，即可更快地完成应用程序切换的操作，提高操作效率。

（2）通过简单的操作，减少用户在多任务管理页面内的查找与辨识。

（3）降低误操作率，减少用户操作疲劳感。

（4）操作直观，用户易学易用。

本发明解决的是在智能设备系统中高效地调整多任务管理页面内应用程序的排列顺序的问题。通过此种解决方案，用户可以直接通过压力触控技术，在多人管理页面内任意调整后台所开启的应用程序的排列顺序，以此方式使用户更方便的对其后台应用程序进行管理，并提高使用效率。

为此，本发明的技术方案为：

一种在交互界面上通过压力触控调整多任务排列顺序的方法，包括如下步骤：

（1）侦测多任务排列顺序调整请求消息；

（2）更新交互界面使之显示当前运行的多任务，该步骤具体包括：

当接收到上述请求消息时，在交互界面上显示当前运行的多个任务对应的应用程序图标或缩略图；

（3）在交互界面上仅以侦测按压式触控动作的方式侦测第一压力触控动作，并据此提取目标任务，该步骤具体包括：

（3.1）当仅以侦测按压式触控动作的方式侦测到第一压力触控动作并达到其压感触发机制的条件时，触发目标任务提取消息；

（3.2）响应于提取消息的成功结束，改变目标任务对应的应用程序图标或缩略图的显示状态；

（4）在交互界面上侦测第二压力触控动作，并据此调整目标任务的排列顺序，该步骤具体包括：

（4.1）在交互界面上侦测第二压力触控动作；

（4.2）根据第二压力触控动作的结束位置，对应地调整目标任务对应的应用程序图标或缩略图的位置；

（4.3）恢复目标任务对应的应用程序图标或缩略图的显示状态。

进一步地，所述第一压力触控动作为按压动作。

进一步地，所述第二压力触控动作为拖拽动作。

进一步地，所述显示状态包括显示透明度的状态。

一种在交互界面上通过压力触控调整多任务排列顺序的系统，包括：

请求信息侦测模块，用于侦测多任务排列顺序调整请求消息；

交互界面更新模块，用于更新交互界面使之显示当前运行的多任务，所述交互界面更新模块具体包括：

请求消息判断子模块，用于判断是否接收到多任务排列顺序调整请求消息；

图标或缩略图显示子模块，用于在交互界面上显示当前运行的多个任务对应的应用程序图标或缩略图；

目标任务提取模块，用于在交互界面上侦测第一压力触控动作，并据此提取目标任务，所述目标任务提取模块具体包括：

目标任务提取触发子模块，用于当侦测到第一压力触控动作并达到其压感触发机制的条件时，触发目标任务提取消息；

图标或缩略图显示状态更新子模块，用于响应于提取消息的成功结束，改变目标任务对应的应用程序图标或缩略图的显示状态；

排列顺序调整模块，用于在交互界面上侦测第二压力触控动作，并据此调整目标任务的排列顺序，所述排列顺序调整模块具体包括：

第二压力触控动作侦测子模块，用于在交互界面上侦测第二压力触控动作；

图标或缩略图位置调整子模块，用于根据第二压力触控动作的结束位置，对应地调整目标任务对应的应用程序图标或缩略图的位置；

图标或缩略图显示状态恢复模块，用于恢复目标任务对应的应用程序图标或缩略图的显示状态。

进一步地，所述第一压力触控动作为按压动作。

进一步地，所述第二压力触控动作为拖拽动作。

进一步地，所述显示状态包括显示透明度的状态。

一种具有触控式交互界面的电子设备，包括如上所述的在交互界面上通过压力触控调整多任务排列顺序的系统。

进一步地，所述触控式交互界面为触控屏。

通过上述技术方案，本发明的有益技术效果包括：

（1）触控操作简单，能够减少用户在多任务管理页面内的滑动、查找、辨识等操作，提高了操作效率。

（2）提高了多任务排列顺序调整效率，降低了调整期间的误操作率。

（3）多任务排列顺序调整过程中人机交互直观，易学易用，极大地提高了用户体验。

（4）减轻了用户与系统之间交互的操作量，同时也减少了用户手部和眼部的疲劳感。

附图说明

图1示出了根据本发明的通过压力触控技术快速切换应用程序的方法的示意性流程图。

图2示出了根据本发明的一个实施例的作为目标任务的某应用程序的提取过程。

图3和图4示出了根据本发明的一个实施例的作为目标任务的某应用程序的排列顺序更新过程。

具体实施方式

下面结合附图详细说明本发明的具体实施例。本领域技术人员应当清楚的是，本申请中的"按压"或"压力"一词是指包括垂直于交互界面的压力分量或应力分量的压力触控或应力触控，且优选地是指垂直于交互界面的压力分量或应力分量的压力触控或应力触控。

本申请中的"按压"或"压力"描述的都是只启动压力触控技术，而普通的"点击"则为大众所熟知的普通点击操作，不是特意的按压操作。具体来讲，相对于"点击"操作，智能设备通常启动Force Touch技术对点、按等触控动作实现检测和定位，而不区分点或按的力度。应当理解的是，虽然现有技术中的3D Touch技术增加了区分点或按的力度这一维度的触控检测，但本申请相对于3D Touch技术而言仍然是新颖和具有创造性的。因为，本申请中，在交互界面的某一个或多个位置或区域（例如，交互界面的左侧边和/或右侧边）侦测第一触控动作时，仅启动压力触控技术检测该位置或区域是否出现按压动作，而不启动对触控动作的具体位置的定位。也就是说，现有技术中当检测按压动作时，是必须同时检测按压动作的力度和按压动作的触发位置的，而无法仅检测按压力度；本申请中对于第一触控动作的侦测，在交互界面的某一个或多个位置或区域仅启动按压或压力触控动作是否发生的检测而不启动对该动作的位置。

为此，本申请中以"仅以侦测按压式触控动作的方式侦测第一触控动作"这种表述表达其相对于现有技术的区别。这种区别能够起到节省交互界面侦测所需的电力、减少处理计算装置对触控信号关于位置的运算量，节省智能设备的系统资源的有益效果，具有显著的进步。对于未以"仅以侦测按压式触控动作的方式"加以限定的触控动作侦测或检测，则不限于是否仅检测压力、按压或应力的上述方式，也可以采用Force Touch、3D Touch等技术。

如图 1 所示的是根据本发明的一个实施例的在交互界面上通过压力触控调整多任务排列顺序的方法。该方法包括的各个具体步骤如图 2～图 5 所示。各附图中相同的附图标记表示相同的部件、组件、行为、动作、状态、或应用程序等。该方法包括的步骤为：

步骤（1）侦测多任务排列顺序调整请求消息；

步骤（2）更新交互界面使之显示当前运行的多任务，该步骤具体包括：

当接收到上述请求消息时，在交互界面上显示当前运行的多个任务对应的应用程序图标或缩略图；

如图 2 所示，图中的多任务管理窗口或界面被呈现于交互界面上。本领域技术人员熟知的是，该窗口或界面由智能设备的操作系统生成并维护。在图 2 所示的实施例中，在该交互界面上共呈现了 5 个应用程序的缩略图，代表这 5 个不同的应用程序，分别用数字 10、20、30、40 和 50 表示。由数字 1、2、3、4 和 5 表示的组件是各自与这 5 个应用程序对应的应用图标。为了简洁起见，应用程序的缩略图中并未示出关闭按钮等组件。

步骤（3）在交互界面上侦测第一压力触控动作，并据此提取目标任务，其中，所述第一压力触控动作为按压动作。该步骤（3）具体包括：

步骤（3.1）当在交互界面上仅以侦测按压式触控动作的方式侦测到第一压力触控动作并达到其压感触发机制的条件时，触发目标任务提取消息；

步骤（3.2）响应于提取消息的成功结束，改变目标任务对应的应用程序图标或缩略图的显示状态；

如图 3 所示，当目标任务提取消息被触发时，手指（以带有字母 X 的圆圈表示）按压某一应用程序 20 缩略图，以提取该应用。响应于该按压，应用程序 20 的缩略图的显示状态发生如下改变：其透明度变化为半透明，且其边框被变化为与其他未被选择作为目标任务的应用程序的边框颜色不同（例如其他应用程序的边框颜色为黑色，而目标任务的应用程序 20 的缩略图边框变白）。这些变化被以虚线化应用程序 20 的边框的方式表示。

步骤（4）在交互界面上侦测第二压力触控动作，并据此调整目标任务的排列顺序，其中，所述第二压力触控动作为拖拽动作。该步骤（4）具体包括：

步骤（4.1）在交互界面上侦测第二压力触控动作；

步骤（4.2）根据第二压力触控动作的结束位置，对应地调整目标任务对应的应用程序图标或缩略图的位置；

如图 4 所示，当手指（以带有字母 X 的圆圈表示）滑动触控应用程序 20 的缩略图并移动到应用承诺供需 50 的下方时，交互界面上的应用程序 10-50 被重新排列成图 4 所示的顺序。

步骤（4.3）恢复目标任务对应的应用程序图标或缩略图的显示状态。

这种调整结果状态如图 5 所示，其中，目标应用程序 20 的显示状态被恢复到调整之前，并且与应用程序 10、30、40 和 50 的显示状态一致。

如上所述，如图 3～图 5 所示，示出了根据本发明的一个实施例的作为目标任务的某应用程序的排列顺序更新过程。同理，例如，在采用拖拽触控动作的实施例中，图 4 示出了根据步骤（4.1），手指拖拽该应用程序 20 缩略图，以调整其所在位置，图 5 示出了根据步骤（4.2），手指释放该应用程序缩略图，应用程序 20 被放置于新的位置处。

优选地，所述显示状态包括显示透明度的状态。

本领域技术人员应当清楚的是，本申请上下文中的透明度的改变仅仅是显示状态发生改变的一种形式。根据本申请的其他实施例，这种显示状态的改变还可以包括：发生显示状态改变的应用程序的缩略图的边框变为凸显或凹显状态，颜色发生变化，产生闪烁等。

根据本发明的另一个实施例，提供了一种在交互界面上通过压力触控调整多任务排列顺序的系统，包括：

请求信息侦测模块，用于侦测多任务排列顺序调整请求消息；

交互界面更新模块，用于更新交互界面使之显示当前运行的多任务，所述交互界面更新模块具体包括：

请求消息判断子模块，用于判断是否接收到多任务排列顺序调整请求消息；

图标或缩略图显示子模块，用于在交互界面上显示当前运行的多个任务对应的应用程序图标或缩略图；

目标任务提取模块，用于在交互界面上侦测第一压力触控动作，并据此提取目标任务，所述目标任务提取模块具体包括：

目标任务提取触发子模块，用于当侦测到第一压力触控动作并达到其压感触发机制的条件时，触发目标任务提取消息。其中，所述第一压力触控动作为按压动作。

图标或缩略图显示状态更新子模块，用于响应于提取消息的成功结束，改变目标任务对应的应用程序图标或缩略图的显示状态；

排列顺序调整模块，用于在交互界面上侦测第二压力触控动作，并据此调整目标任务的排列顺序，其中所述第二压力触控动作为拖拽动作。所述排列顺序调整模块具体包括：

第二压力触控动作侦测子模块，用于在交互界面上侦测第二压力触控动作；

图标或缩略图位置调整子模块，用于根据第二压力触控动作的结束位置，对应地调整目标任务对应的应用程序图标或缩略图的位置；

图标或缩略图显示状态恢复模块，用于恢复目标任务对应的应用程序图标或缩略图的显示状态。

根据本发明的优选实施例，所述显示状态包括显示透明度的状态。例如，根据本发明的优选实施例，图标或缩略图显示状态更新子模块用于响应于提取消息的成功结束，改变目标任务对应的应用程序图标或缩略图的显示透明度修改为半透明状态，且所述图标或缩略图显示状态恢复模块用于恢复目标任务对应的应用程序图标或缩略图的显示透明度（例如，恢复为原来的不透明状态）。

根据本发明的又一实施例，提供了一种具有触控式交互界面的电子设备，包括如上所述的在交互界面上通过压力触控调整多任务排列顺序的系统。优选地，所述触控式交互界面为触控屏。

以上所述，仅是本发明的较佳实施例而已，并非对本发明作任何形式上的限制，虽然本发明已以较佳实施例揭露如上，然而并非用以限定本发明，任何熟悉本专业的技术人员，在不脱离本发明技术方案范围内，当可利用上述揭示的技术内容作出些许更动或修饰为等同变化的等效实施例，但凡是未脱离本发明技术方案的内容，依据本发明的技术实质对以上实施例所作的任何简单修改、等同变化与修饰，均仍属于本发明技术方案的范围内。

说明书附图

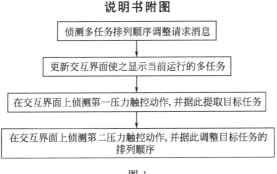

图 1

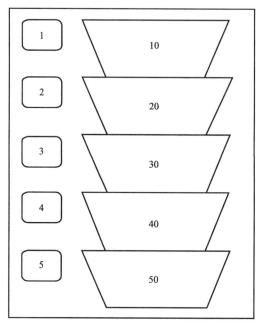

图 2

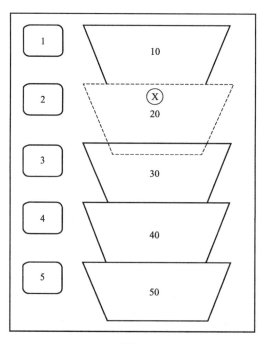

图 3

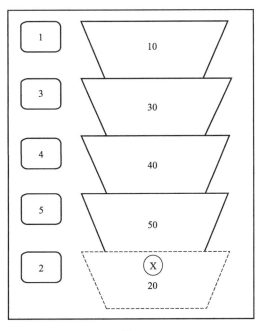

图 4

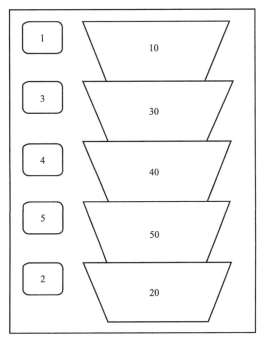

图 5

附录 2. 实用新型专利申请文件的样例

实用新型专利申请文件与发明专利申请文件的结构相同，也包括"说明书"、"说明书附图"、"权利要求书"、"摘要"以及"摘要附图"这 5 种文档。这 5 种文档也可以被简称为"五书"。

下面，以装置类主题的技术方案为例，分别给出各个文档的样例。

（1）说明书

所属技术领域

本实用新型涉及一种×××××装置，属于××××技术领域，尤其是涉及一种××××××装置。

［这里，前面的"本实用新型涉及一种×××××"是待申请的技术方案的较上位的主题名称，后面的"尤其是涉及一种×××××"一般是具体到待申请的技术方案的技术主题全称。再次强调：实用新型专利申请涉及的技术主题只能涉及装置，不能涉及方法。］

背景技术

目前，××××××。

［这里就是指出目前现有问题，引证文献资料。可以指出当前的不足或有待改进之处或者你的实用新型创造中有什么更有利的东西等等，为了方便专利审查专家们更方便的审核你的专利，引经据典的，要注明出处。］

实用新型内容

为了克服××××××的不足，　本实用新型××××××。（要解决的技术问题）

本实用新型解决其技术问题所采用的技术方案是：××××××。

［这里需要严格按照示例文档中的要求来写，比如：

a. 技术方案应当清楚、完整地说明实用新型的形状、构造特征，说明技术方案是如何解决技术问题的，必要时应说明技术方案所依据的科学原理。

b. 撰写技术方案时，机械产品应描述必要零部件及其整体结构关系；涉及电路的产品，应描述电路的连接关系；机电结合的产品还应写明电路与机械部分的结合关系；涉及分布参数的申请时，应写明元器件的相互位置关系；涉及集成电路时，应清楚公开集成电路的型号、功能等。

c. 技术方案不能仅描述原理、动作及各零部件的名称、功能或用途。]

本实用新型的有益效果是，××××××。

[写出你的实用新型和现有技术相比所具有的优点及积极效果]

附图说明

下面结合附图和实施例对本实用新型进一步说明。

图 1 是本实用新型的××××××原理图。

图 2 是××××××构造图。

图 3 是××××××图。

……。

图中：

1. ×××2. ×××3. ×××4. ×××

5. ×××6. ×××7. ×××8. ×××

……

[附图说明：应写明各附图的图名和图号，对各幅附图作简略说明，必要时可将附图中标号所示零部件名称列出。也就是说，上面的"图中：1. ×××2. ×××3. ×××4. ×××5. ×××6. ×××7. ×××8. ×××……"这部分内容是可以被省略的。]

具体实施方式

在图 1 中，××××××。图 2 中，××××××。……

[具体实施方式部分给出优选的具体实施例。具体实施方式应当对照附图对实用新型的形状、构造进行说明，实施方式应与技术方案相一致，并且应当对权利要求的技术特征给予详细说明，以支持权利要求。附图中的标号应写在相应的零部件名称之后，使所属技术领域的技术人员能够理解和实现，必要时说明其动作过程或者操作步骤。如果有多个实施例，每个实施例都必须与本实用新型所要解决的技术问题及其有益效果相一致。]

（2）说明书附图

（略）

［依照《专利法》及其《实施细则》以及《专利审查指南》的规定绘制，注意不应使用非纯黑或白背景的图形或图片］

（3）权利要求书

1. 一种×××××装置，包括：×××××（在此描述该装置包括的流程或步骤）。

2. 根据权利要求1所述的×××××装置，其特征在于，×××××（在此对权利要求1中已经出现的术语做进一步限定）。

3. 根据权利要求1或2所述的×××××装置，其特征在于，×××××（在此对权利要求1或权利要求2中已经出现的术语做进一步限定）。

［每个权利要求仅在结尾处使用句号表示该权利要求的表述到此结束，不得在该权利要求未结束时使用额外的句号］

（4）摘要

为了×××××（在此描述实用新型目的），本实用新型提供了一种×××××装置，包括：×××××（在此描述该装置包括的流程或步骤）。本实用新型提供的装置能够×××××（在此提供关于技术效果的描述）。

［应当注意：摘要中的字数一般不超过300个字，且如果使用附图标记则附图标记应当用"（）"括起来。］

（5）摘要附图

（略）

［应注意：当需要附图并在《说明书附图》文档中绘制了至少一幅图片时，必须选择《说明书附图》中的一幅作为摘要附图］

为了让读者更清楚地理解上述样例，在此提供一个实用新型专利申请文件的实例。

说明书摘要

为了解决在智能手机系统中高效地调整多任务管理页面内应用程序的排列顺序问题，本发明提供了通过压力触控调整多任务排列顺序的方法、系统和电子设备。本发明触控操作简单，能够减少用户在多任务管理页面内的滑动、查找、辨识等操作，提高了操作效率；提高了多任务排列顺序调整效率，降低了调整期间的误操作率；多任务排列顺序调整过程中人机交互直观，易学易用，极大地提高了用户体验；减轻了用户与系统之间交互的操作量，同时也减少了用户手部和眼部的疲劳感。

摘 要 附 图

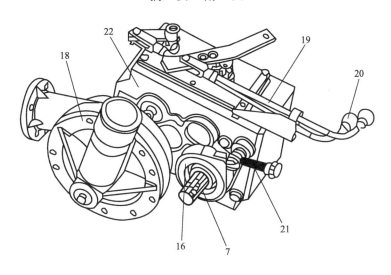

权利要求书

1、一种水涡轮驱动变速箱，包括箱体（22）和可转动地设置在该箱体（22）上的输入轴（1）、输出轴（7），以及设置在该输入轴（1）输入端的水涡轮总成（18），设置在该输出轴（7）输出端的输出链轮（17），其特征在于：还包括变速主动轴（2）、变速从动轴（3）、中间轴（4）、离合轴（5）、离合弹簧（6）、输入啮合齿轮副（8）、Ⅰ挡啮合齿轮副（9）、Ⅱ挡啮合齿轮副（10）、Ⅲ挡啮合齿轮副（11）、Ⅳ挡啮合齿轮副（12）、中间传动啮合齿轮副（13）、离合传动啮合齿轮副（14）、输出啮合齿轮副（15）、换挡变速操纵机构（19）、离合操纵机构（20），位于该输入轴（1）、输出轴（7）之间，该箱体（22）内可转动地依次平行设置变速主动轴（2）、变速从动轴（3）、中间轴（4）、离合轴（5），在该输入轴（1）和该变速主动轴（2）上设置输入啮合齿轮副（8）；在该变速主动轴（2）和该变速从动轴（3）上依次设置Ⅰ挡啮合齿轮副（9）、Ⅱ挡啮合齿轮副（10）、Ⅲ挡啮合齿轮副（11）、Ⅳ挡啮合齿轮副（12）；在该变速从动轴（3）和该中间轴（4）上设置中间传动啮合齿轮副（13）；在该中间轴（4）和该离合轴（5）上设置离合传动啮合齿轮副（14），该离合传动啮合齿轮副（14）在该离合轴（5）上的从动齿轮可沿轴向滑动，该从动齿轮端面设置离合弹簧

（6），与该从动齿轮对应，该箱体（22）上盖设置离合操纵机构（20）；在该离合轴（5）和该输出轴（7）上设置输出啮合齿轮副（15）。

2、根据权利要求1所述的水涡轮驱动变速箱，其特征在于：所述输出轴（7）另一输出端设置制动轮毂（16），与该制动轮毂（16）对应，在该箱体（22）外侧支座上设置制动手柄（21），该制动轮毂（16）外缘包裹摩擦带，该摩擦带一端固装在所述支座上，该摩擦带另一端与该制动手柄（21）连接。

3、根据权利要求1或2所述的水涡轮驱动变速箱，其特征在于：所述Ⅰ挡啮合齿轮副（9）在该变速从动轴（3）上的从动齿轮沿圆周方向转动，该从动齿轮端面设置主动牙爪（23），所述Ⅱ挡啮合齿轮副（10）、Ⅲ挡啮合齿轮副（11）、Ⅳ挡啮合齿轮副（12）在该变速从动轴（3）上的三个从动齿轮设计为一体，且该三个从动齿轮可整体沿轴向滑动，与该三个从动齿轮对应，该箱体（22）上盖设置换挡变速操纵机构（19），当该Ⅰ挡啮合齿轮副（9）工作时，该三个从动齿轮整体沿轴向滑动，使该Ⅱ挡啮合齿轮副（10）在该变速从动轴（3）上的从动齿轮设置的从动牙爪与该主动牙爪（23）啮合。

说　明　书
水涡轮驱动变速箱

技术领域

本实用新型涉及一种绞盘式喷灌机部件，更具体地说，是涉及一种水涡轮驱动变速箱。

背景技术

绞盘式喷灌机作业时将绞盘式喷灌机的进水接头与田间符合压力要求的供水管路连接，采用拖拉机、农用车等小型动力车辆将喷头行车向外拉出至灌溉地点。喷头开始向田间喷水灌溉，喷灌机自身的水力装置慢慢驱动绞盘旋转，绞盘旋转将喷灌软管收回，与喷灌软管连接的喷头行车被牵引亦随着向绞盘运动。在喷头行车靠近绞盘时，系统停止工作完成所属区域面积的灌溉。绞盘式喷灌机的水力装置都是采用水涡轮驱动变速箱，变速箱输出轴带动绞盘旋转。但现有变速箱只是简单的水力机械转换装置，变速挡位少，没有输出离合装置，不能根据田间土壤情况调整喷头行车移动速度，不能随时通过离合装置操作喷头行车启停，达到调节灌溉喷水量的目的，存在作业适应性差、可靠性不高的问题。

发明内容

本实用新型的目的是针对存在的上述问题，提供一种作业适应性强、可靠性高的水涡轮驱动变速箱。

为实现上述目的，本实用新型采用下述技术方案：本实用新型的水涡轮驱动变速箱，包括箱体和可转动地设置在该箱体上的输入轴、输出轴，以及设置在该输入轴输入端的水涡轮总成，设置在该输出轴输出端的输出链轮。还包括变速主动轴、变速从动轴、中间轴、离合轴、离合弹簧、输入啮合齿轮副、Ⅰ挡啮合齿轮副、Ⅱ挡啮合齿轮副、Ⅲ挡啮合齿轮副、Ⅳ挡啮合齿轮副、中间传动啮合齿轮副、离合传动啮合齿轮副、输出啮合齿轮副、换挡变速操纵机构、离合操纵机构，位于该输入轴、输出轴之间，该箱体内可转动地依次平行设置变速主动轴、变速从动轴、中间轴、离合轴，在该输入轴和该变速主动轴上设置输入啮合齿轮副；在该变速主动轴和该变速从动轴上依次设置Ⅰ挡啮合齿轮副、Ⅱ挡啮合齿轮副、Ⅲ挡啮合齿轮副、Ⅳ挡啮合齿轮副；在该变速从动轴和该中间轴上设置中间传动啮合齿轮副；在该中间轴和该离合轴上设置离合传动啮合齿轮副，该离合传动啮合齿轮副在该离合轴上的从动齿轮可沿轴向滑动，该从动齿轮端面设置离合弹簧，与该从动齿轮对应，该箱体上盖设置离合操纵机构；在该离合轴和该输出轴上设置输出啮合齿轮副。

作为本实用新型的优选方案，所述输出轴另一输出端设置制动轮毂，与该制动轮毂对应，在该箱体外侧支座上设置制动手柄，该制动轮毂外缘包裹摩擦带，该摩擦带一端固装在所述支座上，该摩擦带另一端与该制动手柄连接。

作为本实用新型的优选方案，所述Ⅰ挡啮合齿轮副在该变速从动轴上的从动齿轮沿圆周方向转动，该从动齿轮端面设置主动牙爪，所述Ⅱ挡啮合齿轮副、Ⅲ挡啮合齿轮副、Ⅳ挡啮合齿轮副在该变速从动轴上的三个从动齿轮设计为一体，且该三个从动齿轮可整体沿轴向滑动，与该三个从动齿轮对应，该箱体上盖设置换挡变速操纵机构，当该Ⅰ挡啮合齿轮副工作时，该三个从动齿轮整体沿轴向滑动，使该Ⅱ挡啮合齿轮副在该变速从动轴上的从动齿轮设置的从动牙爪与该主动牙爪啮合。

采用上述技术方案后，本实用新型提供的水涡轮驱动变速箱具有的有益效果是：

本实用新型采用四挡啮合齿轮副，这样水涡轮驱动变速箱输出轴能提供四个输出转速，绞盘旋转使喷头行车得到四种由低到高的田间移动速度。可以根据田间土壤情况或作物特性调整喷头行车移动速度，得到要求的灌溉喷水量。还可以通过离合操纵机构适时控制喷头行车启停，而且通过制动手柄拉紧摩擦带摩擦制动轮毂保证喷头行车可靠停止移动，提高了绞盘式喷灌机的田间喷灌作业适应性。所以，得到了作业适应性强、可靠性高的效果。

附图说明

图 1 是本实用新型水涡轮驱动变速箱的构造主视图；

图 2 是本实用新型的传动轴系统展开剖视图；

图 3 是图 1 的俯视图；

图 4 是本实用新型水涡轮驱动变速箱的三维立体图。

图中：输入轴 1；变速主动轴 2；变速从动轴 3；中间轴 4；离合轴 5；离合弹簧 6；输出轴 7；输入啮合齿轮副 8；Ⅰ挡啮合齿轮副 9；Ⅱ挡啮合齿轮副 10；Ⅲ挡啮合齿轮副 11；Ⅳ挡啮合齿轮副 12；中间传动啮合齿轮副 13；离合传动啮合齿轮副 14；输出啮合齿轮副 15；制动轮毂 16；输出链轮 17；水涡轮总成 18；换挡变速操纵机构 19；离合操纵机构 20；制动手柄 21；箱体 22；主动牙爪 23。

具体实施方式

下面结合附图和具体实施方式对本实用新型作进一步详细描述：

如图 1、图 2、图 3、图 4 所示，给出了本实用新型水涡轮驱动变速箱的构造示意图，包括箱体 22 和可转动地设置在该箱体 22 上的输入轴 1、输出轴 7，以及设置在该输入轴 1 输入端的水涡轮总成 18，设置在该输出轴 7 输出端的输出链轮 17。还包括变速主动轴 2、变速从动轴 3、中间轴 4、离合轴 5、离合弹簧 6、输入啮合齿轮副 8、Ⅰ挡啮合齿轮副 9、Ⅱ挡啮合齿轮副 10、Ⅲ挡啮合齿轮副 11、Ⅳ挡啮合齿轮副 12、中间传动啮合齿轮副 13、离合传动啮合齿轮副 14、输出啮合齿轮副 15、换挡变速操纵机构 19、离合操纵机构 20，位于该输入轴 1、输出轴 7 之间，该箱体 22 内可转动地依次平行设置变速主动轴 2、变速从动轴 3、中间轴 4、离合轴 5，在该输入轴 1 和该变速主动轴 2 上设置输入啮合齿轮副 8；在该变速主动轴 2 和该变速从动轴 3 上依次设置Ⅰ挡啮合齿轮副 9、Ⅱ挡啮合齿轮副 10、Ⅲ挡啮合齿轮副 11、Ⅳ挡啮合齿轮副 12；在该变速从动轴 3 和该中间轴 4 上设置中间传动啮合齿轮副 13；在该中间轴 4 和该离合轴 5 上设置离合传动啮合齿轮副 14，该离合传动啮合齿轮副 14 在该离合轴 5 上的从动齿轮可沿轴向滑动，该从动齿轮端面设置离合弹簧 6，与该从动齿轮对应，该箱体 22 上盖设置离合操纵机构 20；在该离合轴 5 和该输出轴 7 上设置输出啮合齿轮副 15，操纵离合操纵机构 20 使该从动齿轮克服离合弹簧 6 压力沿轴向滑动至该离合轴 5 的光轴段，这时该从动齿轮自由旋转而该离合轴 5 不随之旋转，该输出轴 7 停止输出传动，反之，该从动齿轮在离合弹簧 6 压力作用下沿轴向滑动至该离合轴 5 的花键轴段，这时该从动齿轮驱动该离合轴 5 随之旋转，该输出轴 7 恢复输出传动。

作为本实用新型的优选实施例，如图 1、图 2、图 3、图 4 所示，所述输出轴 7 另一输出端设置制动轮毂 16，与该制动轮毂 16 对应，在该箱体 22 外侧支座上设置制动手柄 21，该制动轮毂 16 外缘包裹摩擦带，该摩擦带一端固装在所述支座上，该摩擦带另一端与该制动手柄 21 连接，当操纵该制动手柄 21 拉紧该摩擦带摩擦该制动轮毂 16 实现绞盘减速制动。

作为本实用新型的优选实施例，如图 2 所示，所述 I 挡啮合齿轮副 9 在该变速从动轴 3 上的从动齿轮沿圆周方向转动，该从动齿轮端面设置主动牙爪 23，所述 II 挡啮合齿轮副 10、III 挡啮合齿轮副 11、IV 挡啮合齿轮副 12 在该变速从动轴 3 上的三个从动齿轮设计为一体，且该三个从动齿轮可整体沿轴向滑动，与该三个从动齿轮对应，该箱体 22 上盖设置换挡变速操纵机构 19，当该 I 挡啮合齿轮副 9 工作时，该三个从动齿轮整体沿轴向滑动，使该 II 挡啮合齿轮副 10 在该变速从动轴 3 上的从动齿轮设置的从动牙爪与该主动牙爪 23 啮合。

在使用中，将水涡轮驱动变速箱固装在绞盘式喷灌机机架上，将设置在该输出轴 7 输出端的输出链轮 17 与绞盘上的大链轮通过链条连接，再将绞盘式喷灌机水涡轮总成 18 的进水接头与田间符合压力要求的供水管路连接，采用拖拉机、农用车等小型动力车辆将喷头行车向外拉出至灌溉地点。喷头开始向田间喷水灌溉。水涡轮总成 18 的水涡轮在压力水冲击下带动变速箱工作，变速箱的该输出轴 7 通过输出链轮 17 慢慢驱动绞盘旋转，绞盘旋转将喷灌软管收回，与喷灌软管连接的喷头行车被牵引亦随着向绞盘移动。在喷头行车靠近绞盘时，操纵离合操纵机构 20，使该输出轴 7 停止输出传动，同时操纵该制动手柄 21 拉紧该摩擦带摩擦该制动轮毂 16 实现绞盘减速制动，系统停止工作完成所属区域面积的灌溉，完成一次喷灌作业过程。

在田间喷灌作业过程中，可以根据田间土壤状况和作物特性，操纵换挡变速操纵机构 19，使所述该三个从动齿轮整体沿轴向滑动，实现四挡变速，得到四种不同的喷头行车移动速度，进而获得要求的灌溉喷水量。

本实用新型适用于安装在绞盘式喷灌机上变速驱动绞盘旋转。

说明书附图

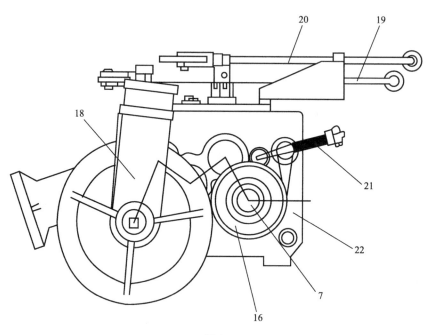

图 1

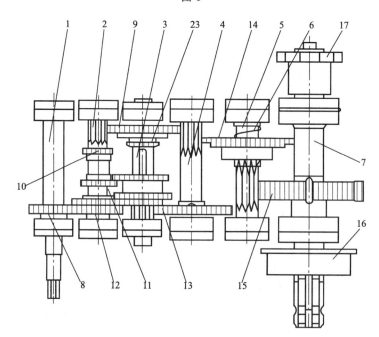

图 2

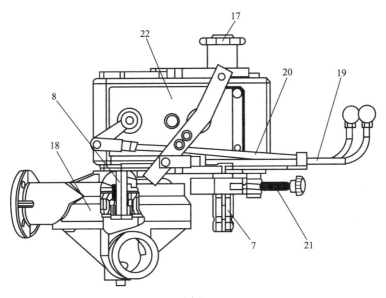

图 3

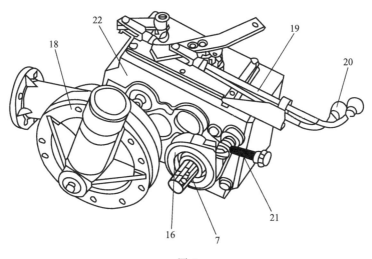

图 4

附录3 外观设计申请文件的样例

本外观设计产品的名称：××××。

本外观设计产品的用途：××××。

本外观设计的设计要点：××××。

最能表明设计要点的图片或者照片：××××。

其他说明

[例如："左视图与右视图对称，省略左视图"，"请求保护色彩"等]

为了让读者更清楚地理解上述样例，在此提供一个外观设计专利申请文件的实例。

机器人吸尘器

简要说明

1. 本外观设计产品的名称：机器人吸尘器。

2. 本外观设计产品的用途：本外观设计产品用于吸入灰尘等。

3. 本外观设计产品的设计要点：在于如图所示的形状。

4. 最能表明本外观设计设计要点的图片或照片：立体图。

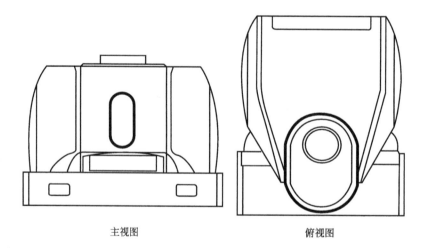

主视图   俯视图

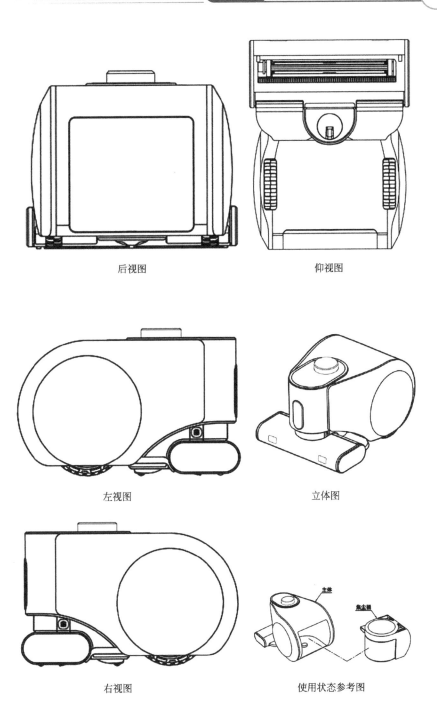

后视图

仰视图

左视图

立体图

右视图

使用状态参考图